活页教材

艺术设计实践教学教材

★天津市普通高等学校
本科教学质量与教学改革研究计划重点项目

公共艺术
创意设计

王鹤 编著

天津大学出版社
TIANJIN UNIVERSITY PRESS

图书在版编目（CIP）数据

公共艺术创意设计/王鹤编著，—天津：天津大学出版社，2013.5（2018.9重印）
艺术设计实践教学教材
ISBN 978-7-5618-4700-8

Ⅰ.①公… Ⅱ.①王… Ⅲ.①公共场所—景观设计—教材 Ⅳ.①TU856

中国版本图书馆CIP数据核字（2013）第114700号

出版发行：天津大学出版社　　　　　　　　　经销：全国各地新华书店
出版人：杨欢　　　　　　　　　　　　　　　开本：210mm×285mm
地址：天津市卫津路92号天津大学内　　　　 印张：10
电话：发行部 022-27403647 编辑部 022-27406398　字数：340千字
网址：www.publish.tju.edu.cn　　　　　　　 版次：2013年6月第1版
邮编：300072　　　　　　　　　　　　　　 印次：2018年9月第2次
印刷：北京信彩瑞禾印刷厂　　　　　　　　　定价：48.00元

如有印装质量问题，请与本社发行部门联系调换

总序

全新模式的清新感受

　　我从20世纪70年代起就在教学的同时编写高校美术类教材，至今没有停止过。我编写的《中国工艺美术史》等好几本书都已出过两三版，《中国服装史》更是三版印刷28次，有四本为国家级规划教材，多本为省部级规划教材……即使这样，当我看到这套"艺术设计实践教学系列教材"时，竟感到一种从未有过的清新，进而震惊，紧接着是赞赏！

　　"与时俱进"是一个政治术语，其实用性在教学上更有深远意义。时代前进了，年轻学子们的解读方式与以前不同了，学生们学习知识需要一种什么样的教材呢？这确实是一个新课题。

　　去年听天津财经大学珠江学院赵世勇和天津师范大学张兵说活页教材时，我还没有太在意，当看到内容与形式全新的组合时，我一下子慨叹了：年轻教师就是有领先潮流的思维模式。什么叫创新？创新就是以一种以前没有的模式去诠释一种全新的理念，而贯穿全过程的思路又必须符合社会需求。否则，再新也没有人认可。社会需求是一个硬道理，社会效益只不过是在此基础上所获得的果实而已。

　　天津大学王鹤与赵世勇及张兵合撰的一篇论文以该系列中的公共艺术教材为例阐述了活页教材编写模式上的创新理念，其中的一段话能够很好地概括这套活页教材的使命与特点："经过内容与形式全面创新后的公共艺术设计教材，能够做到打破学科壁垒，运用开放型的知识结构，变知识单方面传输为知识资源共享，从而适应公共艺术这样一种体系相对庞杂、自身又处于不断变动之中的知识与实践体系。综合来看，公共艺术设计教材的编写模式创新能够有效支撑公共艺术教学领域的课程建设，更好地满足社会对掌握公共艺术审美、创意、材料与工艺运用等方面技能的人才需求，提升中国今后公共艺术领域的理论研究与工程实践水平，为新世纪中国文化软实力建设做出贡献。"这首先点明了，这套教材的内容就是新的，而且立足于世界范围内。同时，这套教材在编写模式创新上的指导思想是"针对跨专业的读者群"、"以具体案例为纲"、"强化创意思维培养"。这就是说，这套教材并不限于某一专业，甚至于不局限在高等院校的本科生和研究生中，它完全打破以往的专业壁垒，大胆地增进学科互动（请注意不仅仅是师生教学上的互动），以生动活泼的方式启用案例，使读者一目了然。

　　这套活页教材的作者们都是三四十岁的中青年教师，在专业学习、实际操作和高校教学第一线积累了丰富的经验，但还不老，包括意识与年龄。因此，他们敏锐地抓住了当前学生的解读兴趣，有的放矢地推出这样一套教材。

　　那么，什么是活页教材呢？这里的概念是既有教师的讲解与分析，又在教材上留有粘贴学生作业的地方。对于编作双方来说，尝试这一系列教材标志性的活页模式，从而为其提供了一个行之有效的反馈机制。这种教与学的互动在纸质教材上的首次体现，确实有不同一般的新意。需要看到，传统教材与Web1.0时代用户主要通过浏览器获取信息是一致的，注重信息的单方面传递。而这种活页模式体现了Web2.0时代用户既是浏览者又是内容制造者的特征，注重了信息的双向环路流动。同时，该系列教材创新性地以图示形象为主要表现手段，这就要求作者必须要自己排版，才能利用图与文字的组合准确体现写作意图，体现出符合认知心理的全新创作过程。同样。由于互联网时代的读者拥有大量接触科学知识的渠道，并且在相当程度上养成了点击链接以获取深度阅读的习惯，因此该系列教材还设置了知识链接环节"延展阅读"和实训环节"思考与行动"两个主要模块，以满足E时代学习者的阅读需求。

　　就形式编排上的创新而言，这套教材没有传统上的"章""节"，代之以"组团"和"项目"的框架构成。每本活页教材都由八到九个一级组团组构而成，这些一级组团主题不同，各有侧重，具有普遍性、代表性和逻辑性，共同组成完整的教学体系。同时，每个一级组团又都具有自身独立性，可以单独培养学习者某一方面的能力。这种新颖的编排方法体现了最新的教学理念，即为了避免传统的条块分割的编写方法而采用的"混合单元概念"。美国教育界的艾迪斯·埃里克森在《艺术史与艺术教育》中说："使用这种混合课程模式，各组成部分结合方式多，强调重点也多，而自始至终各部分都保持原有的特点。"

　　教材中一级组团的排布次序不但具有循序渐进的特征，而且和一个设计课题的进度基本一致，能够实现寓技能锻炼于知识传播过程中的教学目的。混合单元概念也运用在系列教材每一个"思考与行动"或"延展阅读"中，特别是后者，几乎都包含艺术史、形式美法则、材料与工艺的相关知识。

　　这套教材的全新形式的真谛，在于一种基于现代传媒理念下编写模式的创新。如今这些被称为"数字原住民"的90后大学生们，从出生就习惯了网络与新媒体，思维敏锐，知识面广，对直观形象敏感，但注意力不容易保持长久。因此，这套教材注重节奏紧凑与大信息量，又兼具可读性和观赏性。

　　由于没有了传统教材每一章节开篇介绍本章节内容的文字，而代之以一般教材课后才有限提供的课题与参考书目，所以这套教材中每个组团、项目的名称就承担了简明扼要地介绍该单元内容的功能。考虑到主要读者群的认知特征，这些小标题以四字短语为主，能够准确概括这一单元的主题思想和教学要点。如广告设计教材中在第一组团"关于思维方式"下，就分为"一场游戏""说事拉理""参与体验"等二级组团，形象生动。同时，二级组团之间还体现由浅及深的特征。如公共艺术教材第一组团在分析现成品复制式公共艺术时就分为"单打选手""伸展运动""组队参赛"等二级组团，对应运用单体现成品、变动单体现成品及组合现成品等方法。总之，该系列教材的各级标题综合运用了文学、电影等学科的理论和手法，从最简单的幽默运用方法介绍到内涵深刻的黑色幽默，既紧密连接又有较强的延续性。

　　说心里话，这套教材对于我来说是一个全新的感受，也给我提供了一个学习的机会。张兵、赵世勇作为主编、又与王鹤等几所大学的中青年教师一起申报天津市教委重大教改课题"多校联合在艺术设计课程体系优化中的尝试"。这真是可喜可贺。而且、纸质教材、科研项目、学术论文，再加上紧跟着的新兴媒体连载，完全是海陆空式的"大集结"。作者们由于年纪轻，因而没有框框；由于理念新，因此能够跟上世界科技、人文的发展趋势，更会受到学生欢迎。

　　我以一个学习者的态度首先感受到获益匪浅，我也愿意以一个读者的身份早日看到这套教材的面市。

　　我期待着，并祝贺，我相信这之后这些年轻人还会有大胆的创新。创新才能永远鲜活，永远朝气蓬勃。

2012年12月

作者简介

王鹤

1980年6月生于天津市，现为天津大学建筑学院艺术设计系讲师。

天津美术学院雕塑系本科，天津大学建筑学院设计艺术学硕士，南开大学文学院文艺美学方向博士。天津市美术家协会会员，2007年获天津市第九届"文艺新星"称号。主要从事城市雕塑、公共艺术设计及设计史论研究。

出版《纪念性雕塑的主题选择、表现手段及寿命问题》、《展示艺术教育》等专著7部，《中国雕塑史》、《现代设计史》等合著10部。专著《镇馆之宝·世界著名博物馆顶级藏品》等两本书获天津市第十二届社科优秀成果奖三等奖。发表核心期刊论文6篇以及其他论文十余篇。

先后完成城市雕塑设计十余座，雕塑《梁斌像》获天津市第六届青年美展一等奖，并被天津市博物馆永久性收藏。雕塑作品另获天津市第五届青年美展三等奖。

主持教育部人文社会科学青年基金一项、天津市艺术科学立项重点项目一项、天津市普通高校本科教学质量与改革重点项目子课题一项、天津市政府决策咨询重点课题一项，天津大学自主创新基金两项。

序言

　　《公共艺术创意设计》这本教材的设计和编写，从字面上看，涉及两个方面：一是公共艺术，二是设计训练。前者是讲教材的内容，包括什么是公共艺术，其内涵的界定和外延的范围等，后者则属教材编写的形式，即用什么样的教学方式让学生学习、了解公共艺术的设计问题。这又便于教师教好这门课。

　　对于公共艺术设计这门课程，我个人完全是一个门外汉，本不该发表意见。但从我国文化建设的大背景看，公共艺术又是一个涉及每个社会成员、进而牵涉整个社会的文化建设的大问题，因而我们每一个有责任心的公民都应当关心这个问题，有条件的更应当积极参与这项活动。在这个意义上讲，我又觉得有点想法，借王鹤博士的新编教材讲几句。

　　建设现代化的城市是我国过去几十年中城市建设的突出特点，目前远没有完成的迹象，将来还得持续一段时间。在这个过程中，受对外开放和传统文化的影响，城市景观建设有过许多重要实践，其中既有许多成功的范例，也有不少失败的例子。由于人们生活在城市中对周边环境越来越敏感，而且要求越来越高，加上国家提出建设社会主义文化强国、推动社会主义文化大发展大繁荣的目标要求之后，公共艺术在城市建设中的地位越来越突出。随着人们外出旅游经历的日益增多，对城市文化景观的感受越来越强烈，公共艺术已然成为人们热议城市建设的重要话题之一。在这种情况下，公共艺术已不仅仅是一个狭小范围内的学术问题，几乎所有公民都可以对之发表意见。进一步讲，建造出来的公共艺术作品首先要得到所在地区的居民的认可，才可能得到良好的维护而存在下去；其次在城市之间人们交流日盛的条件下，不断得到外地人的认可，才能说得上该艺术品已与当地环境融为一体。这种作品与环境的融合，使人们在良好的生活环境中得到熏陶，城市的文化底蕴也随之得到加强，城市的品位也就逐步得到提升。

　　如果以上认识能够成立，那么，公共艺术设计这门课程应当尽可能在大学生中开设。当然，就目前的实际国情来看，这一点显然在短期内难以做到。从美术院校的专业来看，它是基础课和必修课；从建筑专业来看，它至少是重要的选修课，我认为最好开设成必修课。原因其实很简单，就是上文所讲的必要性。现在城市建设发展很快，很多建筑物在使用期尚未达到必要的期限就又匆匆推倒重来，其间的原因是多种多样的，但缺少文化内涵无疑是重要原因之一，人们很难认同缺少文化品位和艺术内涵的公共建筑。如果学习建筑设计的大学生在公共艺术上有良好的修养，则可以大大提升建筑物的内涵和质量。我认为，对建筑物质量的评价内容，不能仅限于物理学，有必要加入文化、艺术的成分。

　　从提高建筑专业学生的文化、艺术水平的角度看，现在这本《公共艺术创意设计》是最为直观和值得参考的有用、有效之作，它精选了国内外城市公共艺术品的经典作品，图文并茂地展示出一幅幅绚丽多彩而又文化意蕴深厚的公共艺术画卷。加上言简意赅的解读，使读者在获得美感熏陶的同时，也增加了许多文化、艺术知识。特别是它从八个方面对公共艺术的划分，表现出教材编写者对公共艺术设计的深刻思考和熟练掌握，无论对专业学习者还是对业余阅读者都很有教益，而这种编写教材的风格正是顺应了当今阅读风气的有益尝试。作为一个外行，对于公共艺术设计这门学问我难以发表更多的意见，但从我对这部教材的阅读中，可以看出作者广博的知识和新颖的思路。特别是我在读完作者另一部专著《纪念性雕塑的主题选择、表现手段及寿命问题》之后，对作者在公共艺术方面的知识积累和创新思考有了比较全面的了解。由此，我很乐意向广大读者推荐《公共艺术创意设计》这本教材，并倡议教育界同行学习这种编写教材的风格。

天津市教育科学研究院党委书记，天津师范大学教授、博士生导师

荣长海　2013年4月

目录

写在前面

随着21世纪中国经济和社会的快速发展，公共艺术已经被许多城市决策者作为城市形象提升与文化影响力建设的重要举措，也自然产生了这方面的人才需求。但是对于公共艺术这样一种体系相对庞杂、自身又处于不断变动之中的知识与实践体系来说，其教学模式与教材编写必须从内容到形式上全面创新才能跟上时代节奏，满足社会需求。因此，这本《公共艺术创意设计》在如下几个方面做出了全面的创新尝试。

一、基本指导思想

该教材编写模式的创新建立于天津大学出版社系列活页教材的出版平台之上。跨专业的读者定位和以具体案例为纲，是该教材编写中遵循的两条基本指导思想。

该教材针对的读者群主要为当前国内高校相关设计与造型专业的本科生，也能满足相关专业研究生和社会读者的需求。因此，在编写模式上并没有局限于单一专业，而是以打破专业壁垒，增进学科互动为宗旨，能够对不同设计专业甚至是造型专业学生在该领域知识、技能的综合提高起到积极作用。

当前部分公共艺术书籍及教材不能完全满足读者需求的原因之一，就是过于强调宏观的公共艺术概念，而忽略了公共艺术内部诸多不同类型或同一类型中不同个案间的鲜明个性。因此，该教材强调以大量具有较高知名度的具体案例为编写基础，从中梳理出特定类型公共艺术作品在创意、手法上的根本性规律，以供读者在最短时间内了解这一艺术设计形式的精髓，提高审美能力和设计能力。

二、自主科研成果支撑

该教材编写模式直接依托笔者在公共艺术领域的相关研究成果。由于公共艺术的前沿性，国内公共艺术教学往往缺乏延续多年、行之有效的知识体系。因此，笔者在一系列相关论文中提出应当依托环境雕塑建设相关法规及相应材料、工艺规范，推进中国当前公共艺术建设，并以"在位置上具有开放性、题材上具有通俗性、形式上具有综合性、内涵上具有现代性、功能上具有实用性、空间关系上具有互动性、对所处环境具有归属性、表现手法上具有趣味性"定义公共艺术。这样相对完整且自成体系的学术定义有助于在教材编写中明确教学目标。

另一方面，该教材编写模式直接建立于笔者在教学实践基础上提出的"基于方法论的设计院校公共艺术教学模式"。这一模式由八个基本模块构成而成，其中包含复制、绘画、构成三种不基于立体造型的设计方法；运动、环境、实用功能三种必不可少的设计元素以及幽默和严肃这两方面的主题元素。经实践反馈，该模式适合设计专业本科生快速掌握公共艺术设计方面的艺术创意思维、审美经验、科学技术知识及表现技法。该教材正是在这一成型教学体系基础上不断完善而来，并在部分单元中安排了"触类旁通""按图索骥""温故知新"等专属教学环节，以进一步提升教学效果。

三、模块组成与排序方式

全书由"现成品公共艺术——基于发现与复制的设计"等八个一级组团组成。这种分类方式基本囊括了当今世界范围内比较知名的公共艺术建设范例，兼具普遍性、典型性、完整性和次序性。八个一级组团都具有自身独立性，可以单独培养学习者某一方面的能力。同时八个一级组团主题不同，各有侧重，能够共同组成完整的体系。最后，这种按照从基本造型方法到设计要素、再深化到主题的组团排布次序不但具有循序渐进的特征，而且和一个设计课题的进度基本一致，能够实现寓技能锻炼于知识传播过程中的教学目的。

四、文字表述方式

该教材主要考虑青年学生的心理特征进行内容采集与形式编排，比如适当在小标题中运用谐音形式阐明单元内容，如"架"轻就熟（基于现成品复制的框架式设计）、水到"趣"成（结合水体的能动式设计）、"电"到为止（基于电能的能动式设计）、曲"镜"通幽（利用高度抛光的不锈钢球体反射周边环境的设计）等，应该属于新形势下对"寓教于乐"这一传统教育手段的运用。

五、结语

经过内容与形式全面创新后的这本公共艺术设计教材，能够做到打破学科壁垒，运用开放型的知识结构，变知识单方面传输为知识资源共享，从而更好地满足学习者对掌握公共艺术审美、创意、材料与工艺运用等方面技能的需求。最终实现提升中国公共艺术领域的理论研究与工程实践水平，为新世纪中国文化软实力建设做出贡献的目的。

1 现成品公共艺术
—— 基于发现与复制的设计

要求与内容

要求

最早在艺术创作中使用现成品的作品，是法国艺术家马歇尔·杜桑的《自行车轮》、《泉》。最初目的是为了揭示艺术与非艺术界限的模糊状态，并表达对传统艺术的戏谑。20世纪60年代起，以奥登伯格为代表的美国波普艺术家继承了这一传统，并在公共空间中将复制现成品的公共艺术创作方法发扬光大，芝加哥24m高的《棒球棒》、巴黎的《被掩埋的自行车》等无不是此类艺术的杰出代表，并在现代公共艺术大家族中占据重要一席。

这种发现现成品之美并在公共空间中放大表现出来的创作过程，考验的是设计者发现和复制的能力，是对想象力的挑战。从复制入手，可以弥补设计专业学生立体造型能力不足的问题，学生们只需考虑选择适合的现成立体物品，并了解如何根据环境选择尺度、组合形式等，即可得到一件形式感完整、与环境相契的作品，从而成为公共艺术教学一个难度适当的切入点。

讲授内容

这一部分的讲授内容本着由浅入深、由易至难的规律展开，分别如下。

1.单打选手

单体现成品公共艺术作品的设计过程，主要锻炼发现现成品形式美感的能力，不要求对现成品变形或组合，只需要根据环境决定尺度、角度等基本问题即可。

2.伸展运动

在上一组团的基础上，锻炼对现成品形态加以改变使其更具有形式美感并更加适应环境的能力。

3.组队参赛

这一部分重点锻炼对多个同类型或不同类型现成品组合运用的能力，要求组合后的作品形式感丰富，与环境良好契合。

4.笔断意连

笔断意连意为公共艺术设计中同一现成品只有一部分显露在地面上。该组团对作品与环境契合的要求更高，同时锻炼设计者对更大尺度作品及基地全局把握的能力。

5."架"轻就熟

"架"轻就熟是运用框架形式表现现成品的公共艺术设计方式，这一部分主要锻炼对现成品形态的提炼、简化和抽象的能力。

6.生气灌注

生气灌注是利用现成品形态拟人或模仿动物的类型，要求学习者在全面掌握前面五个组团内容的基础之上，具有丰富想象力和较强自由创作能力，从而提升作品的艺术内涵。

7.信手拈来

这一组团展示了现成品在多个领域艺术创作中不拘一格的运用方式，可以为学习提供更多的参考案例。

8.触类旁通

这一组团展示了现成品在立体构成、配饰设计等相关基础和专业课程中的运用，可以为学习过程带来一定的启迪。

案例

1. 自行车轮，两个酒瓶，大汉堡，双筒望远镜，泉
2. 晾衣夹，花铲
3. 刀船I，裂开的袖扣，自由图章
4. 花园水管
5. 翻转的衣领和领带
6. 飞舞的球瓶，羽毛球
7. 火柴，电话亭
8. 汤匙和樱桃，平衡的工具，卡特彼勒履带上的口红
9. 被掩埋的自行车，公牛头
10. 针、线和结，锯子，锯
11. 棒球棒，漂流瓶
12. 火炬
13. 克鲁索的伞
14. 铲刀I，龟兔赛跑
15. 充气狗，分泌物，盔甲，牛

课前准备

1. 搜集基于现成品复制的公共艺术经典案例的背景资料。
2. 搜集身边不同领域运用现成品形态的设计作品及设计作业。

课堂互动

1. 请学生结合这一部分所学内容，从元素选择、尺度安排、环境分析、材料及工艺运用等角度，分析一件自己搜集的公共艺术设计作品。
2. 请学生将自己基于现成品复制的公共艺术创意做成PPT，在课堂上介绍。

思考与行动

1. 什么样的现成品适用于复制？
2. 如何根据环境选择适当的现成品形态？
3. 如何改变单体现成品的形态？
4. 多个相同的现成品形态如何组合在一起？
5. 如何根据特定主题选择两种形态不同的现成品并加以组合？
6. 如何组合三种或三种以上形态不同的现成品？
7. 如何选择现成品以进行分离布置训练？
8. 如何选择现成品进行框架组构式训练？
9. 如何使用现成品的结构骨架进行创意设计训练？
10. 如何利用现成品的形态达到拟人的艺术效果？

延展阅读

1. 马歇尔·杜桑的《泉》与波普艺术
2. 纤维艺术
3. 艺术家与自行车
4. 奥登伯格与"建筑艺术计划"
5. 结构骨架

参考书目

《玩转广告——创意的游戏精神》/ H.H.阿纳森
《世界城市环境雕塑·美国卷》/ 樋口正一郎

1.单打选手

艺术是否一定是一种创造，它可不可以是一种选择？艺术是否一定是画、雕、塑出来的，它可不可以是一种复制？为了回答这个问题，法国艺术家马歇尔·杜桑（Marcel Duchamp）于1913年最早用《自行车轮》提出了这个问题（见左上图）。作为一件作品，这个被倒置在普通圆凳上的自行车轮丧失了实用性，而具有了某种意义，尤其可以用来调侃当时的高雅艺术。作为杜桑的继承者，美国波普艺术家杰斯帕·约翰斯（Jasper Johns）表示："艺术生活本来就是转换，例如把活人转换成大理石。我想表现的是，当艺术不再是艺术的时候，它在日常生活中的平庸是怎样发生的。"1963年，杰斯帕用青铜复制了两个常见的啤酒瓶，命名为《两个酒瓶》（见左中图），从而用作品正式提出了现成品复制的概念。

克莱斯·奥登伯格（Claes Oldenburg）是一位擅长复制和放大现实物品的艺术家。他曾先后在耶鲁大学和芝加哥美术学院就读。他从1961年开始了自己的波普艺术之路，开过装满仿制食品的店铺，并制作过里面充填得满满的乙烯汉堡包。通过再现汉堡包——这一美国社会最司空见惯的工业食品，来达到自己讽刺这一现实的目的。但这种极具辛辣讽刺的艺术却得到了公众的喜爱。左下图即为1962年奥登伯格最早的作品《大汉堡》，中图是《立着的棒球手套和球》，右中图是奥登伯格最大的单体作品，即与建筑师盖里合作的《双筒望远镜》。

Public Art of Finished Products
现成品公共艺术——基于发现与复制的设计

单打选手

延展阅读：马歇尔·杜桑的《泉》与波普艺术

达达主义是20世纪20年代末兴起的一场涉及视觉艺术、文学（主要是诗歌）、戏剧和美术设计等领域的文艺运动。这个看似嬉闹的艺术派别用自己独特的艺术观轰塌了传统艺术审美体系的堡垒，对后来的公共艺术思想基础产生了深远影响。在1917年纽约独立艺术家协会展览上，杜桑通过直接运用现成品制作的作品《泉》参展（见右下图1），颠覆了"何为艺术"的传统观念。

1956年，杜桑的学生、英国艺术家理查德·汉密尔顿创作了一幅小型招贴《是什么使今天的家庭如此不同，如此诱人》（见右下图2）。图中用各种现成的图像和符号描绘了一个消费主义的社会，尤其是图中健美男子手中的停车牌上的"POP"字样，从此流传开来，由一个本来无厘头的符号或语音发展成一个流派的象征。"POP"翻译成中文"波普"后，既取音译，又取意译的"大众、普及"之意，可谓"形神兼备"。

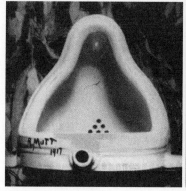

奥登伯格强调艺术价值存在于任何普通工业品中，"复制"是他的创作手段。他描述的是一个日常生活的世界，却用最不可能在生活中见到的体积和形态去描述，以此表现了波普艺术的精髓——"生活艺术化"和"艺术生活化"的交织。

本着由简到难的原则，这里从现成品公共艺术中的单体作品入手进行创意训练。首先作为范例的是奥登伯格最为家喻户晓的作品之——美国费城的《晾衣夹》（Clothespin，1976）。这是一个20世纪70年代常见的标准晾衣夹，只是被放大到了13.7m的非常尺度，滑稽与讽刺由此产生。

思考与行动

选择并利用单体现成品进行公共艺术创作设计并非如表面看上去那样轻而易举，不费周折。每种物体都有其自身形态特征，只有挑选轮廓更富于变化的物体，才更容易得到认可，取得成功。这里列举的晾衣夹和花铲，它们的长宽比与修长的人体比较接近，因此具有一定形式的美感，容易为人的视觉与心理所接受。

观察生活，寻找自身形态富于形式美感的物体1～5件，并构想一个合适的放大尺度。

2.伸展运动

左上图是奥登伯格与他的妻子库斯杰·范·布鲁根利用常见的瑞士军刀进行的创作——意大利都灵的《刀船I》（Knife Ship I，1997）。这里列举的大部分奥登伯格的作品，都是他与妻子合作完成的，1942年出生的布鲁根为奥登伯格提供了大量灵感，她本人也是一位享有盛名的艺术评论家。奥登伯格充分利用了军刀这种现成品的能动特性，使其侧轮廓丰富且富于稳定感，同时内置电机可使作品产生变化的角度，似军刀在进行伸展运动。奥登伯格还充分运用了军刀的形体特征，在军刀柄两侧加上船桨，增加了喜剧效果。

右上图及右下图是奥登伯格最知名的作品之一——《裂开的袖扣》（Split Button，1981）。作品为醒目的白色，高1.2m，直径4.9m，位于美国宾夕法尼亚大学校园。作品与远处的富兰克林像遥相呼应，仿佛是富兰克林大衣上掉落的一枚纽扣，充满幽默与戏谑之意。

纽扣不算形态富于美感的现成品，但奥登伯格选择在纽扣黄金分割的位置进行弯折处理，使其形态更富于变化，同时也使其高度适合学生休息，还可供孩童攀爬。

思考与行动

因为公共艺术品要设置在特定的环境中，所以必须根据环境特征选择适当形态的现成品。如前面所示的作品《晾衣夹》，其狭长的形态就适于高楼大厦间的狭小地块，而左下图奥登伯格的《自由图章》（Free Stamp，1991）则根据相对开阔的广场环境和周边高度有限的传统建筑选择了印章。并采取放倒的方法以进一步降低总高度，从而达到与环境的和谐。利用自己选择的现成品形态，寻找适合的地点，可以改变角度。

这是奥登伯格在德国弗赖堡创作的公共艺术品《花园水管》（Garden Hose，1983）。作品以花园中常见的水龙头和胶皮管为造型元素，借鉴了纤维艺术对线形材料的扭转、缠绕、盘曲等处理手法，形成了富于变化、疏密得当的形式美感。同时作品还结合水体设计，胶皮管尽头的水源注入旁边的池塘，更具有不可思议的真实性和滑稽效果。

延展阅读：纤维艺术

　　纤维艺术是对柔软的纤维材料进行扭转、缠绕、编织以产生视觉美感和肌理感受的艺术形式，原本是在室内以壁挂等形式出现的。一部分艺术家利用立体造型的语言改造纤维艺术，并将其引入广阔的室外公共空间。在保持其原有形式美感的基础上，又强化了材料的肌理感和表现力，成为公共艺术中重要的一个分支。

▼　沿此虚线以下贴入设计作品（A4成品）

《翻转的衣领和领带》（Inverted Collar and Tie,1994）以银行家的标志性配饰——领带为主要元素，是奥登伯格在德国金融中心法兰克福的一件作品。奥登伯格改变了领带的传统质感，让其竖立起来，对金融行业的精英意识进行了绝妙的反讽。同时竖立起来的领带使整体造型的长宽比更得当，也达到了与环境相协调的目的。

Public Art of Finished Products
现成品公共艺术——基于发现与复制的设计　伸展运动

思考与行动

　　当单体现成品无法实现自身的美感及与空间的和谐时，就需要依靠其自身能动性或某种外力使其形态发生变化，以富于形式美感。因此，以前一步骤选择的现成品为基础，通过三种方式变化其基本形态：①充分利用其结构特征，进行以枢纽为轴心的旋转和伸展，如前述的瑞士军刀和右下图的别针；②改变其传统质感，使硬质物体呈现软质面貌或反之，如上图的领带；③利用其自身软硬适中的特质，进行一定的扭转拉伸，如前页的水管。三种方式都可以使现成品形态更为丰富多变，产生形式美感和一定的诙谐意味，并更加适应于环境。

《飞舞的球瓶》（Flying Pins）是奥登伯格为荷兰埃因霍温市庆祝2000年千禧年设计创作的，作品选取了在保龄球击打下球瓶飞舞开来的一瞬间加以表现。因为埃因霍温市浓郁的体育氛围，奥登伯格也曾考虑过足球，但最后因为保龄球运动的击打、高潮等特性选择了后者，同时因为荷兰漫长的冬天而为作品选择了鲜艳的黄色。作者在众多球瓶的相对位置上煞费苦心，最后营造出一个极富于动感又具有均衡感的布局。

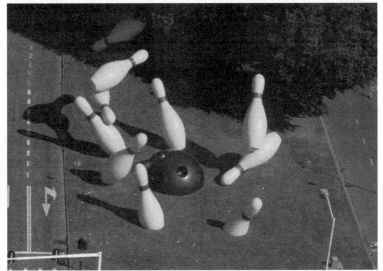

思考与行动

　　在三维空间中合理安排单一元素的相对位置，以使整体富于形式美感，是现成品公共艺术设计中较为复杂的课题。要求利用训练中选择的单一元素，进行多方向的三维空间布置，可以利用手工模型或电脑辅助，左图为奥登伯格为美国堪萨斯州纳尔逊与阿特金斯艺术博物馆（The Nelson-Atkins Museum of Art）设计的《羽毛球》（shuttlecocks,1994）。同样是多个相同元素的复杂空间组织，在一个更开阔的空间中取得了成功。

▼　沿此虚线以下贴入设计作品（A4成品）

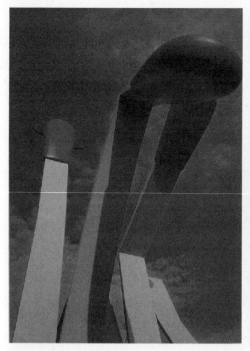

《火柴》（Match Cover，1992）是奥登伯格为巴塞罗那奥运会创作的一件公共艺术作品，位于巴塞罗那戴布隆区。作品以日常生活中寻常的火柴为主要元素，通过火柴燃烧的命运和各异的形态表现运动员在追求荣誉的过程中有胜有败的主题，寓意深刻。一方面是为了表现这一主题，另一方面也是因为单体火柴体量单薄，奥登伯格选用多个相同元素，使作品形成了重复、渐变和鲜明对比的形式美感。

Public Art of Finished Products
现成品公共艺术——基于发现与复制的设计　伸展运动

思考与行动

　　在上一部分训练的基础上，选取生活中常见的现成品，利用多个相同元素进行单一方向或双重方向的组合，可以改变单体元素的形态，以达到重复、渐变与对比的形式美感。右图为英国伦敦街头的公共艺术作品。作者选用常见的电话亭为单一元素，重复使用，并向一个方向以不同角度倾斜，产生了典型的重复、渐变美感，并通过反常性使作品具有了一定的幽默感。

《汤匙和樱桃》（Spoonbridge and Cherry，1988）是奥登伯格在美国明尼阿波利斯市的一件作品。由于单体樱桃为圆形，轮廓缺乏丰富变化，因此奥登伯格加上了另一种现成品元素——餐勺。并依靠餐勺的特殊形态与环境水体巧妙融合，使整件作品既诙谐又富于形式感，也是两种不同现成品元素进行组合搭配并能够取得成功的经典范例。和《花园水管》一样，《汤匙和樱桃》也结合了能动的水体设计。水从樱桃茎部喷出，落入周边池塘中，为整件作品增添了极大的动感和美感。而在冬天水池封冻时，积雪落在樱桃上又使其变成了一个美味的圣代。

《平衡的工具》（Balancing Tools，1984）是奥登伯格在德国维特拉股份有限公司创作的一件现成品公共艺术作品。这件作品论高度不及前面提到的《晾衣夹》，论占地面积与尺度不及《飞舞的球瓶》，但是这件作品却因对三种不同现成品元素的成功组合而著称。钳

子、榔头和螺丝刀按照门形构图被组织起来，产生了既稳固均衡又富于动感的独特视觉效果。如奥登伯格自己所言，达到了一种"崩溃边缘的平衡"（in an equilibrium on the verge of collapse）。组合后的形体克服了单一形体的单薄感，与初落成时的周边环境形成了良好契合。四年后盖里设计的博物馆落成，经过业主与两位艺术家的协商，《平衡的工具》迁移到新位置，并与背景中的盖里博物馆相得益彰，两者的扭转与不可预知感形成了完美的搭配。

思考与行动

为了服从整体构图需要，奥登伯格将《平衡的工具》中的钳子进行了倒置处理，从而避免了过于稳固的金字塔形构图，活跃了作品整体轮廓。艺术创作和设计中经常改变熟悉物体的垂直定向，并不会产生令人不适的感觉，反而独树一帜。如何根据特定主题选择两种形态不同的现成品，并保证两者在设计中的空间关系、尺度对比都处于一个合理的程度，需要进行有针对性的训练，以保证组合后的公共艺术作品形体符合均衡、对比等形式美法则。因此，这一部分的训练要求在前面的基础上，选择三种或三种以上的现成品进行组合。特别要求对其中"轴线稳定、独一无二"的，也就是具有较大长宽比的现成品进行倾斜、倒置，以获得更好的艺术效果。右下图为奥登伯格的另一件作品《卡特彼勒履带上的口红》（Lipstick on Caterpillar Tracks，1974）。作品本身具有较强的寓意和讽刺感，带女性意味的物体——口红，与履带的形体进行了组合，表达了女性施展魅力无坚不摧的含义。但单纯从形式上看，两者组合后的形体下部宽大坚实，上部挺拔细长，具有极强的稳定感或传统雕塑中的"纪念碑性"。

4.笔断意连

《被掩埋的自行车》（Buried Bicycle 1990）位于法国巴黎维莱特公园，是奥登伯格系列公共艺术作品中占地面积最大的一组。作品选用了一种和法国颇有渊源的现成品——自行车作为主要元素。考虑到公园场地的广阔面积后，奥登伯格决定作品应具有较大尺度并由露出地表的实体和地下的虚空部分按自行车的特定结构组成，这也是"笔断意连"的绝佳体现。作品露出地表的有四部分：车轮（2.8m×16.26m×3.15m）、车把和车铃（7.22m×6.22m×4.74m）、车座（3.45m×7.24m×4.14m）、脚踏板（4.97m×6.13m×2.1m），总占地面积近1000m²（46m×21.7m）。每个单体都考虑了游客特别是儿童攀爬游戏的可能性。为了区别于公园内的一些红色小建筑，作品选择了蓝色为主色调。

Public Art of Finished Products

现成品公共艺术——基于发现与复制的设计

笔断意连

延展阅读：艺术家与自行车

　　《被掩埋的自行车》中主题元素的选择来自流亡法国的爱尔兰作家塞缪尔·贝克特1952年的作品《莫洛伊》。书中主人公莫洛伊从自行车上摔下，发现自己躺在沟里并无法认知任何事物。这一故事和贝克特的代表作《等待戈多》同样荒谬，却引发人对生存处境的深刻思考，是描述人类体验和人类意识作用的杰出作品。同时法国还是自行车的诞生地，并拥有享誉世界的环法自行车赛。另外，奥登伯格在创作过程中还特别提到了两位现代艺术大师——毕加索和马歇尔·杜桑利用自行车现成品进行的艺术实践。右图就是毕加索于1943年创作的《公牛头》。通过对自行车座和车把形态的观察、提炼和重新组合，使现成品具有了生命的意义。当然，这么多位大师不约而同选择自行车作为现成品艺术的主要元素，还跟自行车外形特征鲜明，主要结构明确且暴露在外，拆卸组合便捷等因素分不开。

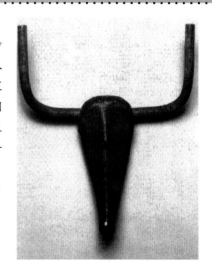

《针、线和结》（Needle, Thread, and Knot, 2000）是奥登伯格2000年落成于意大利米兰卡多纳广场的大型公共艺术作品，作品由高18m的穿线针和5.8m高的线结两部分组成。奥登伯格和布鲁根的最初设想始自附近的米兰火车站，决定用针插入织物的形态来表达列车穿入地下隧道的喻义。因为针与火柴一样都是轮廓比较单薄且缺乏变化的物体，因此奥登伯格用缠绕的线使其膨胀并富于美感。最后针线缠绕的图像还与米兰市徽——蛇缠绕剑不谋而合。作品的两部分相距30余米并被一条公路隔开，但观众依然可以感觉到完整的形态。两部分的长度比基本符合黄金分割律，整体形态又和环境形成呼应，给历史悠久的米兰城带来一份顽童般的不羁与天真。

《锯子，锯》（Saw, Sawing, 1996）是奥登伯格为日本东京国际展览中心设计的公共艺术作品之一（见右中图）。主题的选择与周边建筑环境有密切关系，比如作品鲜艳的红、蓝色调与建筑的灰色调形成反差，锯子的锯齿形状也与周边建筑的三角形元素紧密契合。同时奥登伯格还希望西式手锯能够脱离其功能。在陌生的东方环境中引发对其身份的全新诠释。

思考与行动

笔断意连是中国画或毛笔书法中常用的表现方法，实际的线虽终止，但令人感觉笔势相连。唐代画家、绘画理论家张彦远曾称赞南朝画家张僧繇和唐代画家吴道子的作品："离披点画，时见缺落，此虽笔不周而意周也。"现代格式塔心理学家阿恩海姆在《艺术与视知觉》中指出人的视知觉具有"以各种各样的概念与眼前物体的可见部分相结合而造成物体的完形能力"。特别是在现成品公共艺术创作中，由于观众"以往经验"的参与，往往能从并不完整的物体实际形态中感知到完整的物体。

选择适合进行分离布置训练的现成品，这种现成品必须具备一定的尺度、长度，即使被分离也具有可辨识性。如果是结构完整的复杂形体，则必须保持原有结构的完整性，处理好消失部分与显现部分的比例与逻辑关系。前述多位大师不约而同选择自行车作为现成品艺术的主要元素，就跟自行车外形特征鲜明，主要结构明确且暴露在外，拆卸组合便捷等因素分不开。如果是线形物体，两部分间的距离不能相隔太远，两者的地上部分必须严格处于消失线段的两端，两者间的比例应符合黄金分割比例。分离后的形态应当与环境紧密结合。

5. "架"轻就熟

《棒球棒》（Batcolumn, 1977）位于美国芝加哥，全高29.5m，是奥登伯格最高的作品之一。就创作过程与经费来源而言，这件作品是GSA和NEA合作推出的"建筑艺术计划"（也称"百分比艺术"）的早期典范。从形式语言上，奥登伯格放弃了一贯使用的现成品原始形态，而是用低合金高强度钢条精心编织出棒球棒的立体轮廓，从而既在高度上与身边芝加哥的象征——西尔斯摩天大楼相呼应，又成功消解了自身的巨大体量而不显得过于突兀，为芝加哥这样一个处于衰落中的老工业城市带来难得的轻松与谐趣。

《漂流瓶》（Bottle of Notes, 1993）位于英国米德尔斯堡，属于英格兰东北部利用艺术作品振兴经济不景气地区的项目之一。由于著名航海家库克船长就诞生于此，因此作品主题一开始就被定位在与航海有关。在短暂尝试了帆船等造型元素后，奥登伯格选择了漂流瓶，并意识到瓶身就可以作为文本记录米德尔斯堡的历史。与《棒球棒》不同，《漂流瓶》属于很特殊的框架造型，带有随机和有机性质。

漂流瓶身外部的灰白色字母组成了库克船长日志记录中天文学家的一句话："We had every advantage we could desire in observing the whole of the passage of the Planet Venus over the Sun's disk."内部的蓝色字母则记载了合作者、奥登伯格的夫人布鲁根的诗句："I like to remember seagulls in full flight gliding over the ring of canals."除了将瓶身作为文本记载媒介的用意外，丰富的表面形态变化也使观众的视线从漂流瓶呆板的轮廓上转移开，形式美感由此产生。内部由蓝色字母组成的另一套框架体系则增加了空间元素，进一步丰富了视觉观感。

Public Art of Finished Products
现成品公共艺术——基于发现与复制的设计　　"架"轻就熟

延展阅读：奥登伯格与"建筑艺术计划"

奥登伯格许多作品的资金来自业主和捐赠，但《棒球棒》的资金来源被记录为"by the Art in Architecture Program of the United States General Services Administration in conjunction with the National Endowment for the Arts"。这其中的"General Services Administration"（GSA）是美国联邦总务管理局，负责掌管美国联邦（而非各州）的实物财产，特别是房屋、设备的建造、购置、管理与维修。"National Endowment for the Arts"（NEA）则是美国国家艺术基金会，该基金会大力推进"Art in Public Place Program"（公共场所艺术建设），以鼓励美国杰出艺术家走出美术馆。两大机构联手于20世纪70年代推出了"Art in Architecture Program"（建筑艺术计划），以在所有联邦建筑项目中提取1%资金进行艺术建设，一个由艺术家、建筑师、规划师和艺术评论家等组成的小组负责作品的审核与通过。GSA认为此举增强了联邦建筑的公民意义，展现了美国视觉艺术的活力，并为美国创造了持久的文化遗产。美国各州在此带动下也纷纷推行类似计划，额度从0.5%到1.5%不等。这一运作机制也被简称为"百分比艺术"，对美国公共艺术的繁荣起到了至关重要的作用。

右上图与右中图为新西兰南岛城市克莱斯特彻奇（基督城）为庆祝千禧年建设的大型火炬形公共艺术作品，位于当地历史悠久的教堂前广场上（该广场在2011年新西兰大地震中损毁严重）。作品采用独特的模数化与有机性结合的造型手段，在由上至下逐渐等比例缩小的六边形框中，分布着各种植物枝叶的图案，既有秩序感又富于变化。由右上图全景照片可见，这种框架造型方式为大型公共艺术作品整体带来了充分的通透感，更容易与所在都市建筑环境相融合。（华梅 摄影）

选择适当的现成品，可以根据个人风格和偏好采用不同种类的框架组构方式，作品表面结构必须具有丰富的形式逻辑，具有相当的形式美感并与特定环境相适应。

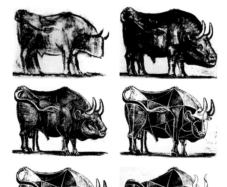

延展阅读：结构骨架

在艺术创作与设计中，结构骨架在确定视觉物体形状方面的作用有时甚至超过轮廓线。法国浪漫主义画家德拉克洛瓦就指出："在动笔之前，画家必须清醒地认识到眼前物体之主要线条的对比。"阿恩海姆就此指出："在很多时候，主线条并不是物体的实际轮廓线，而是构成视觉物体之'结构骨架'的线条。"因此，结构骨架可以用来确定任何式样的特征，这就使得对形状的高度简化成为艺术创作与设计手法之一，只要作品简化后的结构骨架符合观众的概念，就可以被轻松辨识出来以达到创作目的。左图即为毕加索将公牛不断抽象化直至提炼出最简洁的结构骨架的过程。

与前两例相比，位于美国爱荷华州州府得梅因的作品《克鲁索的伞》（Crusoe Umbrella, 1979）则利用物体的结构骨架进行创作，显得别具一格。这件作品的选题过程颇有趣味，布鲁根早就希望奥登伯格在大型公共艺术作品中尝试更为有机的形态。奥登伯格受到《鲁滨孙漂流记》的启发，以鲁滨孙的第一件手工制品——伞为主要元素进行创作。由于鲁滨逊的伞只可能是用枝条制成的，因此奥登伯格的伞也必须结构化。他按照基地形态和形式美规律将伞倾斜布置以追求动感、均衡和指向性间的平衡，并完全按照伞的"结构骨架"而非轮廓来组织形式语言，取得了简洁、震撼并富于神秘色彩的艺术效果。

由上述两个例子可见，在大型开放性空间中，公共艺术作品必须保持相当大尺度才能与环境相契合，但是巨大体量必然带给观众一定的压迫感。在这种情况下，使用框架式造型方式更容易在保持现成品固有形态不变的同时消解这种不适感，也使作品更好地与充斥水平、垂直线条及坚硬平面的都市建筑环境契合。

Public Art of Finished Products
现成品公共艺术——基于发现与复制的设计　　"架"轻就熟

得梅因市市政中心在规划和广场设计时并没有考虑艺术作品，由右下图可见白圈处为作品后来放置地点，初始设计完全是树木。奥登伯格发现委托创作的市政中心地形酷似海中的岛屿，并与鲁滨孙的故事相结合，挑选广场合适的地点设置作品。因此，就选址而言，《克鲁索的伞》是一个经典的公共艺术策划案例，充分体现了公共艺术家后期介入的特征。

另外，在筹款方式上，《克鲁索的伞》只有40%的经费来自美国国家艺术基金会（NEA）的资助，其余来自当地捐款，也充分体现了欧美国家公共艺术经费来源多样且有充分保障的特点。

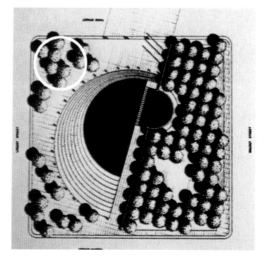

6.生气灌注

在《美学》中，黑格尔对自然美进行了逐层探讨，他认为从无机物到有机物，有机物中从植物到动物，再从动物到人，美的程度之所以越来越高是因为精神的作用表现越来越多，这种精神作用就是生气的灌注。尽管现代公共艺术赋予现成品以人、动物的形象或气质并不在黑格尔的论述范畴内，但还是可以用"生气灌注"这一术语形容这种创意方法，因为使工具、乐器这些无机体显现出美的关键正是赋予它们精神的作用。左上图奥登伯格的作品《铲刀I》（Trowel I）正是体现这一概念的经典范例。右上图为美国一步行街上的公共艺术作品。作者巧妙利用乐器的固有形态，模拟了着长裙的美女，表面的纹路处理更强化了这一艺术效果。

《铲刀I》是奥登伯格最早的大型室外作品之一，最初的创作目的只是想证明艺术作品不一定需要基座，只是插进泥土中就可以。完工后的作品酷似一个人的胸像，寻常的主题元素与超乎寻常的尺度被以符合形式美的逻辑组合到一起，引发人们的童心、好奇心与探索欲望，这正是现成品公共艺术的精髓所在。

在选择用于创作的现成品时展开丰富的联想，可以适当采用变形、添加等手法增强拟人或模仿动物的艺术效果，要求成果整体、简约、富于幽默感。右下图为国内某公园内的《龟兔赛跑》。龟、兔的身体均采用了熟悉的鼠标造型，附加上最具象征性的耳朵等以贴近所要模拟的对象，具有诙谐、童趣又富于现代感的独特艺术效果。

思考与行动：

相比对现成品表面进行框架化处理，使用现成品的结构骨架进行创意设计训练有更高的难度，因为作者必须对现成品进行一定的抽象化，但同时又必须保留清晰的可辨识性。右下图为美国好莱坞影城，图中的可乐瓶和杯都是把握现成品结构骨架进行创作设计的范例，具有直白、鲜明、幽默的艺术效果。

▼　沿此虚线以下贴入设计作品（A4成品）

7.信手拈来

右上两图是美国艺术家杰夫·库恩斯的作品《充气狗》。分别为室内展示作品和位于柏林的公共艺术作品。

左上图为英国艺术家托尼·克莱格的作品《分泌物》。使用骰子作为表面装饰，产生了丰富的肌理变化和独到的艺术效果。（王鹤 摄影）

左中图为韩国首尔奥林匹克公园内的公共艺术作品，以盔甲为造型元素，同时还向游人提供了娱乐功能。

Public Art of Finished Products
现成品公共艺术——基于发现与复制的设计

信手拈来

现成品在公共艺术作品中的用途不拘一格，使用拆解后的工业品进行焊接创作也是常见的作法。特别是在工业发达、有深厚DIY传统的美国。左下图中的作品即是利用汽车零件焊接成牛的造型，显得别具一格。近年来中国也出现了一批利用金属零件进行焊接创作的艺术家。

8.触类旁通

利用现成品进行公共艺术创作可以锻炼发现并把握形式美的能力，锻炼创意思维的提出及表达，不但能够与首饰设计、工业设计等设计课程产生共鸣，还能与立体构成等设计基础课程互相促进，互为补充，可谓"触类旁通"。左上图是天津师范大学美术与设计学院服装系学生利用自行车链条创作的项链及耳环，右上图为天津大学建筑学院一年级学生利用现成机械零件创作的立体构成作业。

左上图的作品充分利用自行车链条的统一、重复等形式美要素，以渐变和韵律为主要手法，产生了华丽、冷峻的视觉效果，兼具历史韵味与时代感。（指导教师：赵静 王坤）

右上图的作品巧妙利用机械零件形态统一中又有变化的特点，充分发挥了零件自身简洁、规整的工业美感，并依靠垂直与水平方向上的变化和不同色彩来营造强烈的对比效果。（指导教师：叶武 王鹤）

右下图是天津理工大学艺术学院学生的创意造型作业。课题要求以各种基本形为基础，按照一定三维造型表达手段达到"形"的统一。学生在老师指导下以柿子为基本形，以重复和叠加为主要造型手段，表现了诙谐的动漫形象——"流氓兔"。

▼ 沿此虚线以下贴入设计作品（A4成品）

2 二维型公共艺术——基于图像表达的设计

要求与内容

要求

绘画，更确切地说是二维图像表达，也是重要的公共艺术创作设计方法之一。在世界范围内有很多画家介入公共空间的立体造型创作，成绩斐然，西班牙艺术大师毕加索、美国青年艺术家基斯·哈林、日本艺术家关根伸夫和新宫晋就是其中的代表人物。这些画家以深厚的绘画素养为基础，对特定二维绘画中的主要形式加以提炼整合，并依托适当的载体将其布置在公共空间中，使作品在特定角度具有优美的形式感，并在一定程度上对基地环境有所考虑。对学习者而言，这一环节是从二维绘画转向三维艺术创作一个很好的过渡，在难度和功能上都具有承上启下的作用。要求根据讲授内容，积极运用创意思维，熟练掌握多种将二维图像转换为三维立体形态的设计方法，并能根据环境特点加以熟练运用。

讲授内容

这一部分本着由直接运用到间接运用二维图像的逻辑展开，分为如下八个方面。

1. 从画中来

这一组团以毕加索和哈林的艺术为案例，重点讲授将绘画本身或绘画中的形象直接转换成三维形态并布置到公共环境中的方法。

2. 红色剪影

这一组团讲授的是放弃绘画表面信息，只利用剪影轮廓进行公共空间三维艺术创作的内容。

3. 不空中空

这一组团与"红色剪影"是既互补又相对的关系，讲授的是以"图底关系"理论为基础，利用剪影中的负形进行创作与设计的内容。

4. 深度幻觉

这一组团讲授的是利用三维片体的横截面，模拟二维绘画中的笔触与色块的独特方法。这种形式较为新颖，但普及面相对较窄。

5. 推拉工具

这一组团以建模软件中通过推拉动作改变平面厚度的工具为基础，讲授通过增加厚度使二维图像适应公共空间的设计方法。

6. 有板有眼

以二维板材为基本元素，通过插接和拼装获得三维形态的设计方法。

7. 折纸游戏

充分发挥二维面材特性，利用折纸的多种表现手法获得三维体积的设计方法。

8. 为我所用

介绍了近年来国内一些基于图像表达的二维型公共艺术的实践作品，能够对学习者带来一定的启迪作用。

案例

1. 格尔尼卡，无名作品，亚威农少女
2. 毕加索，吉他，苦艾酒杯
3. 无题，拳击手
4. 卡通小人
5. 巴塞罗那米罗公园图书馆大门，市区摇椅，赫西门
6. 礼帽男人，左顾右盼，鲁宾杯
7. 贝多芬肖像，克劳斯肖像，虎头
8. 帕瓦罗蒂像，维纳斯

9. LOVE，Flood，LOVE
10. 野餐，风吹石笛
11. 野餐，鸟翼，碗状的树
12. 几何形耗子，花，第二个构成头像
13. 富兰克林像
14. 红色剪影，金属形态，纸鹤，一家三口
15. 雕塑公园
16. 过天桥

课前准备

1. 温习创意素描等设计基础课程的内容。
2. 搜集世界范围内以二维图像为基础的较知名的公共艺术案例。

课堂互动

要求学生现场绘制多个具有优美形式感的二维图像，并选择适合转换为三维形态的方法，与同学交流，展开自评与他评。

思考与行动

1. 如何将二维绘画中的主要形式三维化并布置在公共空间中？
2. 如何根据创作意图选择适当的形象剪影作为主要表现手段？
3. 如何根据开放性空间特征创作剪影型公共艺术作品？
4. 如何评价和借鉴错觉艺术的特点？

5. 如何在拉伸二维图像以得到体积的过程中控制厚度？
6. 如何用板材搭接以得到三维体积？
7. 如何利用三种折纸构型进行创意设计训练？
8. 如何使基于二维图像的公共艺术作品适应环境？

延展阅读

1. 立体主义与毕加索
2. 作为雕塑家的毕加索
3. 儿童画的视知觉原理
4. 剪影型公共艺术
5. 图底关系
6. 错觉艺术家

7. 公共艺术中的字母
8. 法国艺术家让·阿尔普
9. 构成
10. 折纸与公共艺术
11. 大器晚成的休格曼

参考书目

《艺术与视知觉》/ 鲁道夫·阿恩海姆
《艺术家看公共艺术》/ 郑乃铭

1.从画中来

毕加索（Pablo Ruiz Picasso）是一位对现代艺术有重要贡献的艺术大师，他开创了立体主义的形式语言。1937年，为抗议德意法西斯武装干涉西班牙内战，毕加索绘制了闻名于世的《格尔尼卡》（见左上图），并成为立体主义的象征。

毕加索虽然没有接受过正规雕塑造型训练，但他通过以三维方式表现二维绘画语言的独特方式成功进入公共艺术领域。1966年他为华裔建筑大师贝聿铭设计的美国纽约大学教职工宿舍区创作的这件作品，就是自己公共艺术创作的早期尝试（见左中图与右图）。巨大的混凝土板上用黑色马赛克镶嵌出毕加索的标志性语言——抽象的女人脸，作品打破了传统雕塑注重体量感的传统，显得简洁并富于现代感，材质选择与尺度大小也与周边现代建筑环境十分融洽，称得上是二维型公共艺术作品的范例。

Planar Public Art
二维型公共艺术——基于图像表达的设计 ┊ 从画中来

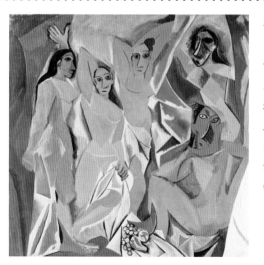

延展阅读：立体主义与毕加索

1912年，在马奈、塞尚、马蒂斯等人的探索基础上，西班牙绘画大师毕加索创作了2.44m高、2.34m宽的大型画作《亚威农少女》（见左下图），真正吹响了立体主义的号角。在此画中，毕加索将以往意义上的体积进行了分解，试图去营造一种不同角度和不同时间下同一个实体产生的形象集合。立体主义艺术实际上反映了人类感知所处世界的真正方式，即我们其实只看到一个物体多个正面、侧面还有底面的瞬间片断，这些片断在大脑中根据一定的逻辑加以整合编辑，最终形成完整的画面。可以说，立体主义艺术对20世纪人类社会生活产生了重要影响。

作为公认的西方现代雕塑创始人之一，毕加索于二战后接受了一系列公共委托。其中毕加索最大、最知名也最引起争议的公共艺术作品1967年落成于美国芝加哥。这件没有确切名字的巨大作品曾引起观众纷纷猜测，认为大师表现了狒狒或海马者不在少数。事实上这件作品和毕加索将不同形象打散重构的手法一脉相承，是阿富汗猎犬与女人脸的混合体。

这件被冠以《毕加索》之名的作品，其形态主要由切割钢板拼接而成，面体之间的空间关系完全符合对称、均衡、对比、变化等形式美原则。所以虽然第一眼看上去令人难以捉摸，久而久之却被越来越多的人接受，并渐渐成为芝加哥的象征之一。

该作品的创作过程也颇具戏剧性。20世纪50、60年代之交的芝加哥希望一位世界级艺术大师为空旷的市政广场创作艺术品，以此提升芝加哥的形象。毕加索接受邀请，并创作了1.05m高的模型免费赠送给该市，建筑师根据广场面积和周边建筑环境比例将尺度定在15.2m。作品在印第安纳州葛里市美国钢铁公司桥梁部制作后拆解运抵芝加哥安装。在《毕加索》建设过程中引起的争议及三个基金会提供资金的运作模式，拉开了美国百分比艺术模式正规化的序幕，在公共艺术史上具有开创性意义。

延展阅读：作为雕塑家的毕加索

1912年，作为画家的毕加索用金属片和金属线制作了《吉他》（见右下图1），开创了拼贴雕塑的先河。1914年他又利用现成品集合手法创作了《苦艾酒杯》（见右下图2），对后世的波普主义和其他现代艺术形式影响深远。有观点认为毕加索创作雕塑主要是为了辅助解决立体主义绘画中的形式问题，但这些探索无疑使其成为西方现代雕塑的创始人之一。

▼ 沿此虚线以下贴入设计作品（A4成品）

涂鸦艺术的代表人物之一，出生于1958年的基斯·哈林（Keith Haring）在仅有十余年的艺术生命中创作了大量的壁画、摄影和雕塑作品。他的艺术手法流畅、简洁、明确，视觉特征如儿童画一般单纯、天真。其作品大多取名《无题》，但其内涵中则包含了对现代文明的质疑与反思。

左上图为哈林位于德国柏林的作品。由于地点的敏感性和形态上的激烈冲突，经常被人认为是在表现东、西德统一的主题，但从其名《拳击手》来看未必如此。

哈林位于法国尼斯的作品（见右中两图），由红、黄、蓝三色小人组合而成，表现了儿童游戏般的稚拙天真，同时造型上稳定、均衡又富于变化。由于契合时代性，自20世纪80年代以来，这些造型简单而形态多变的红、黄、蓝卡通小人形象影响甚广，甚至成为现代流行文化的象征之一。

Planar Public Art

二维型公共艺术——基于图像表达的设计 : 从画中来

延展阅读：儿童画的视知觉原理

　　为何哈林的艺术如儿童一般简单却能如此打动当代人，显然与儿童画本身的魅力有关。阿恩海姆在《艺术与视知觉》"儿童们为什么要这样画"一章中谈到，儿童画中充斥着大量圆形、椭圆形等简单易画的线条，儿童这样画不是因为这些线条掌握起来容易或是他们对物体进行了抽象归纳，而是因为这就是儿童看到的东西，符合视知觉的一般原理。因为"知觉是对物体的一般结构特征的把握。这就意味着，当我们看见了一个人头部的形状时，就等于是看见了这个头的圆形性……如果一个儿童用一个圆圈去再现一个人的头部，这个圆圈不是从某一个具体的人头中得到的，而是一个真正的创造物……"所以，哈林的艺术看似简单，实则把握住了造型与表现的精髓，带有不可多得的创造性。左下图就是他一幅有代表性的绘画作品。

作为由二维绘画形式演化而来的三维公共艺术品，哈林的作品放弃了传统雕塑的体量感与空间形式，只依靠钢板的轮廓与鲜艳的三原色表达主旨。由这件位于纽约哈得孙河河畔公园内的作品可见，哈林尽管没有接受过正规造型艺术训练，但是他依然较好地处理了作品尺度、组合形态以及与基地的关系，使作品保持了较高的艺术水准。

首先，这件作品的规模考虑了游人的参与、娱乐可能性，符合人体尺度的一般准则，使游人可以方便、安全地穿行、休憩；其次，通过将小卡通人颠倒、弯折和变形，哈林在实现丰富性的同时保持了作品的形式美感；最后，两个卡通小人分开，呈线性布置，以适合河畔公园的地形特征。因此这件作品可以作为中等尺度的二维公共艺术作品的范例来加以参考借鉴。

毕加索与哈林的公共艺术作品灵感和形式都源自绘画。而且在立体材料的运用上、与公共空间的结合以及对时代精神的表述上都取得了成功。可见公共艺术虽然和环境雕塑颇为相近，但更为包容、开放和多样。公共艺术的创作者不一定接受过系统的雕塑造型或环境设计训练，但需要高超的创意能力和在艺术上跨界的勇气。要求对特定二维绘画中的主要形式加以提炼整合，并将其布置在公共空间中，要求作品具有优美的形式感，并在一定程度上对基地环境有所考虑。如左图为哈林位于旧金山哈瓦德大街和第三大街交口处的一件作品，三个卡通小人呈螺旋形展开，以适合多角度观看。

思考与行动

右下图为香港中环广场的人形剪影公共艺术作品，选取了路人最具有代表性的工作、休闲、交谈等瞬间，能够引起过往公众的共鸣。作者去除了侧面形象不必要的细节，从而很好地融入街道环境中，也避免了过多占用公共空间。由于去除细节导致系列作品中的单体特征不明显，因此作者使用了鲜艳的红、黄、绿色，使其具有了醒目的艺术效果。基于二维的表现方式制约了它们的观赏角度，要求根据创作意图选择适当的形象剪影作为主要表现手段，充分利用色彩搭配与对比，保证作品的形式优美，并特别注意选择基地环境，以突出剪影型公共艺术的优势。

▼　沿此虚线以下贴入设计作品（A4成品）

2.红色剪影

左上图为西班牙巴塞罗那米罗公园图书馆大门。作者独出心裁地采用队列人形剪影，姿态各异，富于运动感和生活气息，视觉效果新颖且充满谐趣。游客常攀附其上嬉戏或模仿其姿势合影。属于一件典型的二维剪影型公共艺术品，还具有一定实际功能。需要注意的是，由于剪影型公共艺术在观赏角度上的天然局限，以剪影为主要表现手段的公共艺术品必须巧妙利用地形，以保证人们观赏其正面而非薄薄的侧面。从右上图（见黄圈处）可看出这件作品的作者使用了水体来限定游客的观赏角度。

劳埃德·汉姆罗尔（Lloyd Hamrol）属于当代美国艺术家中最重视幽默感的那一类。位于洛杉矶当代艺术博物馆旁的《市区摇椅》是他不多的大型室外公共艺术作品之一，也是他的代表作。作品主体用钢板切割成六辆轿车的剪影形状，分别漆成红、黄、蓝、绿、白、黑等醒目颜色，在一个类似摇椅的反拱形基座上竞相飞驰，有的似乎已经失控冲出边界。作品位于高速路旁，作者的意图是想表达高速飚车这一行为的愚蠢。剪影型公共艺术的直白性在这里得到了最好的体现，同时背靠建筑的特殊地形也限定了作品只能从主要角度观赏。

Planar Public Art
二维型公共艺术——基于图像表达的设计 ┊ 红色剪影

延展阅读：剪影型公共艺术

剪影来自对事物轮廓的描述，轮廓又来自物体的形状，而不受光影、深度、体积影响的形状是辨识物体最基本的依据之一。阿恩海姆在《艺术与视知觉》中认为："形状是被眼睛把握到的物体的基本特征之一，它涉及的是除了物体之空间的位置和方向等性质之外的外表形象。换言之，形状不涉及物体处于什么地方，也不涉及对象是侧立还是倒立，而主要涉及物体的边界线。"传统上，开放空间中的艺术形式只可能是具有二维的壁画、线刻或三维的雕塑。但是现代公共艺术颠覆了这一传统认知，大胆采用具体形状的轮廓剪影作为主要表现手段。左下图就是日本艺术家福田繁雄创作的《赫西门》，1988年落成于日本爱知县碧南市临海公园，摒弃了细节和质感，用最简洁的形象传达了男人女人需要互相扶持的创作意图。

3.不空中空

剪影型二维公共艺术利用物体轮廓作为主要表现手段，实体是主要辨识对象。与之相对，如果巧妙利用图底关系，以实体为底，以实体围合的封闭或半封闭负形为图，只要符合图底关系的科学规律，同样能够使人迅速识别，以达到新颖的艺术效果。

左上图及右上图是位于日本兵库县神户市兵库区南部新开地的公共艺术品，选用了标志性的着礼帽男性的正面及侧面轮廓作为负形，辅之以醒目的色彩，视觉效果简洁明确，创意令人耳目一新。

左下图是一件使用负形剪影创作手法的公共艺术作品——斯旺·斯维斯的《左顾右盼》。

延展阅读：图底关系

图底关系的提出是对现代艺术设计至关重要的理论突破，1915年鲁宾（Rubin）绘制了著名的鲁宾壶（亦称鲁宾杯）以辅助阐述这一理论。人们在这幅画中看到壶还是人脸完全取决于他将哪一部分视为图。根据视知觉原理，任何人在看到一幅画面后都会首先试图将图与底分离，辨识图并忽视底。图底关系的辨识存在八条规律，如一幅画面上亮的部分比暗的部分更容易成为图；对称的比不对称的部分更容易成为图等。其中很重要的一条是面积小的部分比面积大的部分更容易成为图，可以用来解释负形剪影公共艺术的成功之处，即这些作品中需要被认为图的负形总是比作为底的实体面积要小很多。

▼　沿此虚线以下贴入设计作品（A4成品）

左三图为贝多芬像的不同视角，可见只适于正面欣赏。
（华梅 摄影）

4.深度幻觉

　　德国曾经的首都波恩是著名音乐家贝多芬的故居，这里最家喻户晓的贝多芬纪念性雕塑则出自一位错觉艺术家克劳斯·卡梅里希斯（Klaus Kammerichs）。这件作品以1819年画家约瑟夫·卡尔·施蒂勒（karl Joseph Stieler）绘制的贝多芬经典肖像为创作原型，利用混凝土片状结构模仿原画的高光、阴影及笔触组构而成，所有的片状结构都只有正视角一个维度的变化，可以理解为一种对具象形象的抽象化。落成于1986年的此作品现在已经成为波恩的著名标志物。

Planar Public Art
二维型公共艺术——基于图像表达的设计 ┊ 深度幻觉

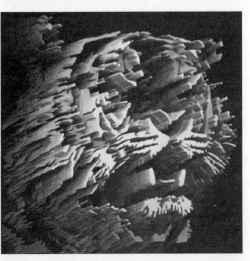

延展阅读：错觉艺术家

　　出生于杜塞尔多夫的德国艺术家克劳斯是这种基于二维图像和视错觉的公共艺术创作方式当之无愧的发明人，应该说这一方法提供了一种将二维图像三维化并适用于公共空间的途径。固然存在很多观赏角度上的制约，但其独创性足以使其扬名世界。左下图1为克劳斯为自己创作的肖像，右下图2为其创作的虎头。

右上图为国内艺术家创作的帕瓦罗蒂像。在一定程度上借鉴了错觉手法，只是将其简化到一个平面上，而非利用不同的片状结构进行组构搭接。由于不同平面的深度相差无几，作者采用了抛光等表面处理工艺来拉大视觉上的深度差，以取得更突出的艺术效果。

右中两幅图为北京798艺术区陈列的一件作品，利用充满现代气息的乐高积木搭出最著名的古希腊雕塑《维纳斯》。虽然总体上还是采用了立体造型的手法，但错落有致的视觉观感还是带有一丝错觉艺术的味道。（王鹤 摄影）

思考与行动

在诞生之初，公共空间领域的错觉艺术一度得到极高评价。类似艺术形式在日本曾盛极一时，但后来大多销声匿迹。对于这种错觉艺术来说，视角受限、美感不足都不是制约其广泛传播的最主要因素，其制约恰恰来自其过于鲜明的独创性。这种过于明确的形式语言和构成逻辑使得对其的借鉴都难脱模仿窠臼，反倒是克劳斯后期的一些借鉴了平面构成矛盾空间概念的作品更值得尝试。

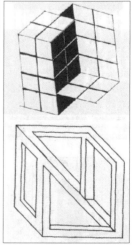

▼ 沿此虚线以下贴入设计作品（A4成品）

5.推拉工具

推拉工具是著名的建筑草图软件SketchUp中的一个工具，可以将平面拉伸出一定的厚度，在建模推敲过程中有广泛的用途。公共艺术创作中也存在这样一种类似的方法。来自不同领域的艺术家将二维图像拉伸出一定厚度，使之成为三维形体并适应开阔空间的观赏需求。

首先使用"推拉工具"方法对二维拉丁字母进行处理的艺术家是罗伯特。和其他波普艺术家一样，他的作品主要来自大众传媒和平面广告，对字符的直白使用是印第安纳艺术的一个显著特征，特别是"LOVE""DIE""EAT"。这些字符在招贴、广告等平面艺术中的运用既表达了它们本身就具备的信息，又超越了它们所传达的信息，而上升为一种流行文化的符号。当印第安纳将"LOVE"拉伸以具有一定的三维厚度，并按照符合形式美的原则将其排列起来后，就产生了风靡世界的《LOVE》公共艺术品（见左上图与左下图）。

左中图是澳大利亚艺术家理查德创作于布里斯班的《Flood》（洪水）。作者对这五个字母做了三重处理，首先是拉伸以具有一定厚度和体积；其次是将其卡通化、团块化并辅之以鲜艳的红色，从而具有了该谐感和童趣；最后选择半埋式处理，既富于变化，又使两个o字母的高度可供人休息，具有一定实用功能。

右上图是法国达达艺术家让·阿尔普的公共艺术作品，形体来自一个正圆的拉伸，中间的空洞则富于变化。整件作品的虚实对比强烈，优美的曲线与所处环境十分契合。同时，由于作者在此领域的深厚积淀，这种优美的形式已经升华为典雅、高贵的象征，具有内在的蓬勃生命力，属于拉伸二维图像公共艺术作品中的经典之作。

Planar Public Art
二维型公共艺术——基于图像表达的设计 ┆ 推拉工具

延展阅读：公共艺术中的字母

与传统绘画和雕塑不同，现代公共艺术不排斥文字的直接运用。近年来，以汉字、拉丁字母等为主要造型元素的艺术作品都有出现，它们基本出于三种考虑：一是语义传达，比如巴塞罗那以字母A表示第一名和胜出者的公共艺术品；二是调侃、戏谑，在这种情况下，文字的出现并不一定代表其本来意义，而是适用于波普和消费文化的语境；三是纯粹用作装饰用途。左下图是落成于费城的《LOVE》，从下部框中可以看到有百年历史的费城博物馆，体现了与环境的另类互动。右下图是奥登伯格以"Q"字母为题的作品草图。

对采用拉伸二维图像这一创作手法的艺术家来说，阿尔普的作品依然具有不可替代的借鉴意义。左上图为阿尔普晚年的作品，右上图为日本艺术家渡边丰重为日本长野县少年科学中心创作的《野餐》，两者的形态几乎如出一辙。

拉伸二维图形的创作手法只适用于体量较小的公共艺术品，一旦体量过大就会显得有些"空"，这也是这一艺术形式在国土面积狭小，只能见缝插针布置艺术品的日本较为盛行的原因之一。左中图为日本艺术家流政之的《风吹石笛》，1973年落成于东京都三和大厦前。

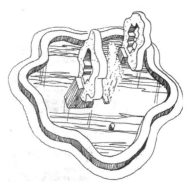

类似的创作方式在日本流传十分广泛。右中两图为日本大阪公共艺术设计稿，除了使用经典的拉伸二维图像手法外，作者还别具匠心地将两件相近作品组合使用，从而形成重复、叠加的丰富视觉效果，与水体的有机结合也为作品增色不少。

延展阅读：法国艺术家让·阿尔普

让·阿尔普（Jean Arp）是与马歇尔·杜桑同时代的达达艺术家，他1887年生于法国斯特拉斯堡，1915年成为达达派的创始人之一。阿尔普在艺术领域涉猎广泛，并在形体的抽象及不断单纯化方面钻研颇深。不论是木刻、石刻还是铸铜雕塑，优美的形体、光滑的曲线都张扬着生命的活力和神秘。右下图1是其晚年作品《鸟翼》。右下图2是其1947年至1960年的作品《碗状的树》。两件作品通过植物与动物的形态表达了灵动、优美和旺盛的生命力。阿尔普在室外公共艺术创作中也忠实地延续了这一风格。

▼ 沿此虚线以下贴入设计作品（A4成品）

如果说，对二维的字母进行拉伸的创作手法带有一定的特例性质，那么对抽象的二维形态进行拉伸，使之具有厚度并适合公共空间，则是最具有代表性的"推拉工具"方式。左上图是阿尔普创作于美国纽约大学的一件作品，形态变化主要来自外轮廓。在外轮廓线的处理中，阿尔普使用了统一、渐变、对置等手法，保证了形态的优美，仿佛是一个张扬活力的精灵来到了都市中，消除着冷漠与隔膜。另外，作者精心处理了表面抛光度，使之既光洁又不过于张扬，与公共艺术中一般使用的喷漆处理相比别有一番韵味。

左下图是渡边丰重为山口县宇部市保健中心创作的另一件名为《野餐》的作品。与上一页的同名作品相比，该作品来自更为复杂的平面图像，显然是在一定程度上借鉴了儿童画的创作手法，展现了浓郁的童趣。值得注意的是，渡边丰重是一位画家兼雕塑家，而且经常自称为造型家。他的故事也说明了这样一点，以二维图像为基础创作公共艺术品的艺术家大多未接受过系统的雕塑造型训练，他们通常来自传统绘画、平面招贴等不同领域。对二维图像进行拉伸的创作手法为他们进入公共艺术创作的广阔领域打开了大门。

拉伸二维图像的创作手法不仅适用于抽象形体，也适用于对各种生命体的表现。右上图所示的作品就体现了透空在这一手法运用中的重要性。因为拉伸后的形体必然缺乏在三维空间中轮廓的细微变化，透空可以增加变化，在很多时候还可以成为视觉焦点。这位作者还颇具童趣地将透空处理成骨头形状，使之具有一定的卡通效果。

思考与行动

通过拉伸二维图像创作公共艺术品，是一种相对而言比较简单的方法。不论出身造型还是设计专业，只要具有一定的美术基础，就能够进行二维形式的创作，就可以对其进行拉伸以得到厚度，进而形成三维体积。这一拉伸的幅度可以通过经验控制，但也有一定规律。一般而言，拉伸的厚度不能小于图像最大宽度的十三分之一，否则仍会被视为面而非体。颜色一般以鲜艳喷漆为多，也可处理钢材、石材表面以得到反光或肌理。关于透空的重要性已经在上面有所陈述。当然，拉伸二维图像得到的公共艺术品依然受到观赏角度的制约，因此根据环境仔细选择布置位置以确保正面观赏角度十分重要。

6.有板有眼

左上图及右上图为奥登伯格的《几何形耗子》。美国学者阿纳森在《西方现代艺术史》中对这件作品有一番中肯又诙谐的评价："这件作品在1969年初步构思，如今装饰着从华盛顿特区到明尼阿波利斯和休斯敦以远的户外广场和博物馆的雕塑公园。尽管在若干不同城市，父老们对《几何形耗子》不加垂青（休斯敦的父老坚持说它是一只老鼠），但它是一个抽象雕塑的堂堂大作，是由几个很重的、联结在一起的金属板组成的，只是由于对它的命名与实物类似而令人不安。"换一个视角来看，《几何形耗子》在形式上有鲜明的构成特征，不同的几何形板状结构构成了要表现的物体，板在这里成了最基本的构成要素。

与前面介绍的多种基于二维图像的公共艺术创作方法相比，以板材为基本要素组构对象，在多个视角上呈现完整形态是比较复杂的方式。因为它要表现的不再只是一个或两个主要视角，而是空间中的完整形态。它更接近传统的雕塑造型方式，因此对公共艺术作者把握空间的能力也有较高要求。右中图为澳大利亚悉尼一件以花为表现对象的作品。（华梅 摄影）

延展阅读：构成

传统雕塑从无或原始形态的材料开始，用"加法"或"减法"塑造或雕出形体。而构成主义雕塑彻底放弃具体形象，转而用各种现成材料组成的符号、形体、线条来表达情感、传递信念。在20世纪初，将构成主义进一步发扬光大的是一对俄罗斯兄弟——佩夫斯纳和加波，他们当年的作品时至今日仍是立体构成教学中不可替代的范例。加波1916年创作的《第二个构成头像》（见右下图），则是构成手法在表现具象事物上的经典运用。在几乎每个事关结构的力点上，都会发现有精确的纸片外沿作支撑，有序、整齐、合理，至今对当代公共艺术创作依然有巨大的启迪意义。

▼ 沿此虚线以下贴入设计作品（A4成品）

美国19世纪著名发明家富兰克林一直是各类纪念性艺术的表现对象，宾夕法尼亚大学校园内就有一尊1899年落成的古典主义富兰克林像（见上三图）。时至20世纪末，社会思潮与艺术表现手段的变革允许对这位大师作更带有解构意味的表现。这件位于费城市政府东北方向的富兰克林像完全由钢板构成，综合使用了剪影和构成的手法，宛如寥寥数笔就抓住人物神态的速写，极富表现力。

完全用板材构型就免不了镂空处理，因此背景是否杂乱至关重要。

Planar Public Art

二维型公共艺术——基于图像表达的设计　　有板有眼

思考与行动

用板材构型进行公共艺术创作最大的困难在于，所有的板材是否能如加波的作品一样准确选在结构转折点上，这需要作者具有一定的对具象事物进行抽象的能力，甚至具有一定的解剖知识。同时，如何处理好镂空的位置与面积非常关键。由于板材构成的作品不能被视为一个具有统一表面的整体，因此其视觉形态必然比较杂乱。如何安排好作品的位置，使之尽可能以纯净的天空为背景，可以说是作品成功与否的关键。这也是没有雕塑创作经验的艺术家进入公共艺术领域后必然面对的问题。左下图是北京798艺术区的一件板材构型作品，表现对象带有飞禽或昆虫的特征，翅膀尤为写实，但主要是合理的位置选择使作品具有了较好的艺术效果。

7.折纸游戏

左上图是美国女艺术家阿西娜·塔查（Athena Tacha）在美国南部图森亚利桑那大学创作的一件作品《红色剪影》。作者完全放弃了传统雕塑对体量的追求，如折纸一般剪裁钢板，所有面的宽度与间距都体现着模数化的秩序感，宛如在草坪上接受检阅的队伍。乍看之下略显单调，但穿行其间则能体味到实体与虚空尺度不断变化的奇妙。钢板一面为蓝色一面为红色，更加强了视觉上的多变感。

左中图是哥伦比亚艺术家艾特盖尔格列创作的《金属形态》，落成于汉城雕塑公园。作品的主体结构精确地张开，既体现着钢铁的张力，又宣扬着植物般的内在生命力。所有的节点处使用了铆钉联结而非通常的焊接，反而具有前工业化时代朴素、厚重、坚实的美感。

基于折纸构型的第三种公共艺术创作方式是对具体事物的表现或说是模拟，与前面《红色剪影》不同，这里用来表现具体事物的元素不但是二维的，还是抽象的。这一半抽象的形式比完全写实的作品更容易适应现代建筑环境，又比完全抽象的作品更有味。左上图为美国洛杉矶富国银行三楼屋顶花园中的作品，以铝板模拟折纸效果的纸鹤，意蕴悠长又别有风味。

与完全写实的或剪影形式的作品相比，使用这一手法的作品允许对局部进行适度的夸张，如拉长或压缩，以取得更强烈的艺术效果。左中图就是用类似形式表现的一家三口。高度抽象甚至于几何化的一家三口，腿部高度拉长，产生了诙谐的喜剧性效果。

延展阅读：折纸与公共艺术

孩提时代的折纸游戏总是具有神奇的魔力，柔软的二维材料经过三折两叠后具有了相对稳固的三维形态，并呈现出清晰的结构特征。由于当代公共艺术创作手段的多样化及美学标准的不拘一格，因此富于形式感和童稚之趣的折纸构型方法也开始为不同领域的艺术家广为使用。时至今日，大到设计专业的立体构成作业，小到服装专业的纸艺训练，无不体现着相近的形式生成逻辑。在公共艺术领域，由于材料、工艺与位置等局限，体现折纸特征的构型手法主要有三种：一是如上图所示的基于模数化的规整切割、拉伸；二是体现偶发美感的自由构型；三是对具象事物的表现。

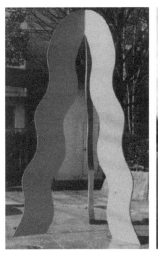

▼ 沿此虚线以下贴入设计作品（A4成品）

乔治·休格曼（George Sugarman）是美国20世纪80年代以来最著名的环境雕塑家之一，不规则形的片状铝板是他最钟爱的造型元素。这些铝板形状多变，时而围合成空间，时而组合成座椅，这些片状结构的排列初看似乎是无秩序的，休格曼也这样陈述自己作品中的生物特征："物体的结构被打破分解，并且在持续地变化。形状不同的物体相互连接，构成紧凑、和谐的立体形象。空间可以任意运用，它可以适合世界上的任何需要，它的角色不是被动的。"但实际上，这些结构之间均保持着和谐的尺度关系，它们之间的组合无不体现着统一、韵律和渐变等形式美法则。这种精心求得的平衡与不可多得的艺术性，奠定了休格曼作品最基本的美学价值。

休格曼的作品还以善于运用色彩著称。他的作品普遍具有鲜艳明丽的色调，足以使生活于钢筋水泥丛林中的现代都市人重温活泼与童趣。这种特性特别适于冬季较长、植物种类较少的美国北方，尤其是大湖区城市。上两图就是休格曼在底特律一所大学医院中庭的作品。多变的形态与鲜艳的色彩十分有利于患者康复，同时这些作品的部分结构还经过人体工程学上的计算，具有休息的实际功能。

Planar Public Art
二维型公共艺术——基于图像表达的设计   折纸游戏

延展阅读：大器晚成的休格曼

在20世纪后半叶美国的公共艺术建设大潮中，休格曼无疑是一位老资格的重量级参与者。这位1912年出生的艺术家早年在军中服役，年近40岁才学习艺术，师从俄裔抽象雕塑大师扎德金（荷兰鹿特丹《被毁灭的城市》的作者）的经历以及对西欧巴洛克艺术的深入考察都对他产生了深远的影响。

休格曼的早年作品以多个部分组成的木雕为主，并于年近50岁时获得卡内基国际大奖。从60多岁休格曼才开始投入室外公共艺术创作，并于77岁那年完成了自己尺度最大也是最知名的室外作品——加州欧文市科尔贸易中心的《雕塑公园》（见右下图）。作品充分体现了休格曼在架上雕塑创作领域的三个鲜明特色，一是放弃展台、基座，追求作品向水平方向的扩展；二是强调多个个体的组合；三是对色彩的运用。作品在与环境结合方面同样取得了巨大成功。

8.为我所用

近年来中国部分城市的公共艺术建设取得了一定成效，借鉴欧美国家二维公共艺术创作手法的作品越来越多。右上图是上海市南京路上的作品，综合运用了前述的剪影构型（见"红色剪影"）和负形构型（见"不空中空"）。生动反映了普通市民的都市生活，特别对应了当代年轻人的审美需求，并反映了外向型国际化都市的风格。

右中图是北京玉泉公园的《过天桥》。作品从题材和表现手法上都更体现出中国传统文化特色，也综合运用了剪影和负形的构型手法，轻松活泼。长远来看，如何发掘民族传统文化内涵将是中国今后公共艺术创作中的重中之重。

思考与行动

近年来中国部分城市开始在步行街设计中注重小型公共艺术品。出于造价、设计者教育背景等因素，这些作品广泛使用二维创作方法。左上图是上海梅川路步行街上的小型公共艺术作品，右下图是步行街平面图。采用了前述"推拉工具"的构型方法以产生体积，并注重了主要视角与主要交通流线的一致性，对线形空间来说尤其如此。只是作品基座设计不当，高度过低无法提供休息功能，又增加了绊倒路人的可能性。因此位于交通流线上的公共艺术品要么去掉基座，要么保持45cm左右的高度以引起人们注意并可供休息。与之相比，日本一些步行街上同等尺度的公共艺术品基座设计更为人性化一些。

▼ 沿此虚线以下贴入设计作品（A4成品）

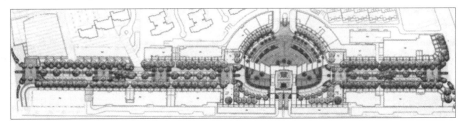

3 构成型公共艺术——基于几何美感的设计

要求与内容

要求

作为公共艺术大家族中的重要一支,构成型公共艺术是构成主义艺术在公共空间的延伸。这些作品摒弃了对具象事物的表现,直接按照视觉规律、力学原理、心理特征、审美法则,将一定的形态元素,如点、线、面、体进行创造性组合,从而产生富有意味的形态。由于其自身特点与时代需求,构成型公共艺术在世界范围内得到广泛普及。

在学习构成型公共艺术设计方法之前,艺术设计专业学生已经具有平面与立体构成课程打下的坚实基础。因此这一部分以诸多立体构成教学中常见的内容展开,并结合有较大影响的经典公共艺术作品为实际案例,辅之以环境、材料、工艺等知识点讲解,要求学习者能够将构成法则活学活用,并具有针对环境特点展开设计的能力。

讲授内容

这一部分本着由基础到专业的步骤,分别基于线构成、面构成、渐变构成、重复构成、对称与均衡、节奏与韵律、对比与调和等展开。

1.渐行渐远

这一组团讲授的是利用渐变构成法则展开公共艺术设计。

2.线形空间

这一组团讲授的是利用线构成(包括直线构成和曲线构成)的相关法则展开公共艺术设计。

3.面面俱到

这一组团讲授的是利用面构成法则展开公共艺术设计。

4.周而复始

这一组团讲授的是利用重复构成法则展开公共艺术设计。

5.不动之动

这一组团讲授的是利用对称与均衡的构成法则展开公共艺术设计。

6.钢铁探戈

这一组团讲授的是利用节奏与韵律的构成法则展开公共艺术设计。

7.质感错觉

这一组团讲授的是利用对比与调和的构成法则展开公共艺术设计。

8.按图索骥

这一组团提供了相关实践案例和由不同专业学生基于构成法则完成的建构与公共艺术作业,以为学习者提供参考。

案例

1. 第三国际纪念碑，和平柱
2. 渐变构成型作品
3. 红色双向螺旋形楼梯，升腾
4. 两条模糊的线，模糊线
5. 构成35号，飞腾交叉，天空和大地的轨迹，无限大
6. 球体主题
7. 无尽的面，和平2
8. 继续
9. 无尽柱，亭
10. 未完成的立方体系列
11. 立方体17号，生彩，立方体19号
12. 冒险，上升
13. 表意符号
14. 智慧的微笑
15. 必须服从她
16. 蛇出来了，香烟，迷失
17. 风之梳
18. 春天
19. 合旋，环环相扣，无题

课前准备

1. 重新温习平面与立体构成课程的相关知识点。
2. 搜集世界范围内基于构成法则的著名公共艺术案例背景资料。

课堂互动

鼓励学生将自己的创意，以手绘图或模型的形式制成PPT，在课堂上汇报交流。

思考与行动

1. 如何利用渐变的形式法则进行公共艺术设计训练？
2. 如何利用自由线构成进行公共艺术设计训练？

延展阅读

1. 加波兄弟与构成
2. 渐变构成
3. 重复构成
4. 线构成
5. 面构成
6. 莫比乌斯环
7. 马克斯·比尔
8. 马克斯·比尔的《亭》
9. 索尔·莱维特
10. 美国现代雕塑之父——戴维·史密斯
11. 亚历山大·利伯曼
12. 构成中的节奏和韵律
13. 极少主义的前世今生
14. 托尼·史密斯
15. 对比与调和

参考书目

《立体形态设计基础》/李福成　钟声
《设计·三维形态》/叶武杨　君宇
《世界城市环境雕塑·欧洲卷》/樋口正一郎

1.渐行渐远

构成主义是20世纪初期紧随立体主义出现的一种艺术流派。其公认的创始者是俄罗斯艺术家塔特林。他受到毕加索的影响，开始尝试完全用现成构件来"构成"作品，而非如传统雕塑那样追求体积与量感，其早期代表作就是著名的《第三国际纪念碑》（见左中图）。由于财政及技术原因，该作品未能建成，仅保存模型。最能体现构成主义精髓的室外构成主义作品当属俄裔艺术家诺姆·加波（Naum Gabo）于1951—1957年为荷兰鹿特丹比因霍夫百货商店设计的构成作品（见上两图）。该作品高25.9m，用钢构架和铜拉线进行大范围穿插，有效限定了空间，改变了用实体体积进行创作的传统方式，创造出符合时代审美特点的轻盈通透的艺术形象。

在这件最早的室外构成主义作品的建设过程中，加波必须与来自各方面的成见作斗争，当有人批评作品不太对称时，加波起身反驳道："我是对称的吗？"后来设计必须体现"不对称的对称"被写进了合同。这一要求其实就是今天所说的"不对称但均衡"，也是构成主义作品体现的形式美法则之一。

Structural Public Art

构成型公共艺术——基于几何美感的设计 ┊ 渐行渐远

延展阅读：加波兄弟与构成

构成型公共艺术是公共艺术大家族中的重要一支，是构成主义艺术在公共空间的延伸。这些作品摒弃了对具象事物的表现，直接按照视觉规律、力学原理、心理特征、审美法则，将一定的形态元素，如点、线、面、体进行创造性组合，从而产生富有意味的形态。塔特林在构成之路上没能真正走下去，真正将构成主义发扬光大的是一对兄弟艺术家——诺姆·加波和安东尼·佩夫斯纳（Antoine Pevsner）。1920年他们在莫斯科发表了构成主义的纲领《现实主义宣言》，在宣言中，加波赞扬立体主义是一场艺术本质的革命。但他们这些构成主义者将凭着"生活的逻辑和天生的艺术直觉"走出一条新路。1922年后兄弟俩出走欧美，用大量优秀作品奠定了构成主义的地位。

左下图为佩夫斯纳1954年的构成作品《和平柱》，四根扭转的金属柱相互依靠，凝聚成一股放射的激流直刺天空，象征着和平力量的强大不可阻挡。这些绝对抽象的形体和轮廓，不但带给艺术爱好者以深深的震撼，还广泛运用于建筑、工业、平面等各领域的设计实践与教学，对人类社会产生了深远的影响。

线、面、体是室外构成型公共艺术作品主要运用的形态元素。其中，线的有规律变化无疑是最容易掌握的构成手法之一，这就可以解释基于渐变的线构成在公共艺术作品中大量出现的原因。右上图及右下图是德国法兰克福金融中心入口处的渐变构成型公共艺术作品，作品以高度抛光的不锈钢圆柱为基本线材，采用较小的间距，沿双水平轴心等距扭转，线材旋转的框边形成两道美妙、规整的弧线，原本存在的直线与视觉形成的弧线产生强烈的对比。整件作品既富于秩序感，又产生了强烈的冲突感，与周边现代风格的建筑环境和快节奏的人文环境十分契合。

左上图为马来西亚吉隆坡中心花园内的渐变构成型公共艺术品，运用了比较基本的渐变构成手法，只是相比较于法兰克福的相近作品，基本形态元素的间距过大，难以产生完整的弧线感，使整件作品不免略显单薄，艺术性较弱。

▼　沿此虚线以下贴入设计作品（A4成品）

延展阅读：渐变构成

渐变是有规律的变化。可以说渐变首先来自透视原理，如公路两旁的树木在视线中会自然出现间距缩小、高度降低的变化。生物界中的渐变也往往是健康、安全的象征。因此渐变成为形式美基本法则之一，完全基于视知觉原理。

当渐变运用于构成时意为基本型或骨骼有规律的变化，具有明显的节奏感。主要是从形状、大小、位置、方向来说，在平面设计中应用尤其广泛。左下图1就是一幅综合了方向渐变、形状渐变、大小渐变等手法的平面构成作品。左下图2为美国加利福尼亚州旧金山市海亚特旅馆二楼共享大厅中的公共艺术品，多方向的渐变被统一在球体表面，优美通透，很好地点缀了环境。

以体为基本形态元素的渐变构成可能会产生比线构成更强烈的视觉效果，美国艺术家赫伯特·拜尔（Herbert Bayer）1973年落成于美国加利福尼亚州洛杉矶市阿尔科广场的作品《红色双向螺旋形楼梯》（亦称《双重阶梯》）便是如此。该作品为铝合金材质，基本元素是具有适当体量的长方体，具有两个对称的垂直轴心。所有长方体分别沿着两个轴心进行等距旋转，并在顶端重合，从而使作品在各个角度都实现了渐变的视觉美感，双轴心为作品带来了其他基于渐变的构成作品很难实现的对称与均衡感。

左上与右上四图为《红色双向螺旋形楼梯》在不同视角的形态。可以看出该作品运用的基本造型元素和规整的造型手法均与周边密集的建筑环境形成统一、对比和呼应关系。利用鲜艳的色彩和丰富的形态变化为所在建筑环境带来了热情与活力，无疑是渐变构成型公共艺术作品中的经典之作。

利用渐变的形式法则进行公共艺术创作有这样几点需要重视。首先是基本元素的选择。这一基本元素自身必须具有形式美感，同时元素之间具有统一性和秩序感。其次需要准确定位轴线。最后准确把握基本元素间的距离即旋转方向，否则难以实现预期的形式美感。右上图1为一件形式相近、没有基座的作品。另外，渐变结构还可以与其他元素组合使用，如右上图2为莱莫1986年落成于日本札幌艺术之林的《升腾》。

Structural Public Art
构成型公共艺术——基于几何美感的设计　渐行渐远

延展阅读：重复构成

重复构成是相同或近似的形态和结构连续、反复、有秩序地出现的构成方式。重复构成的美感特征包括秩序、整齐、壮观和力量感。其中又包括重复基本形单元反复排列、单元兼空格反复排列、重复基本形的错位排列等类型。右下图1就是一幅综合采用了多种重复构成手法的构成作品。为了实现上述美感特征，重复构成运用时需要保持大小、色彩、肌理等一致性以达到画面的整齐感与秩序感。如右下图2所示，公共艺术作品中可以重复运用的基本元素往往少于平面构成作品，但构成方式和美感特征是相同的。

2.线性空间

出生于法国的伯纳尔·维尼特（Bernar Wenet）是一位善于用线构形的艺术家。他通常在纸上快速绘出飘忽不定的曲线，以此捕捉稍纵即逝的灵感。但是在随后的成比例放大过程中，他则要借助数学公式仔细计算，并借助物理实验室验证各个线圈之间的尺度、距离及空间关系。这也反映了当代公共艺术创作中艺术与科技紧密结合的特点。

同时维尼特还高度重视作品与所在建筑环境的对比关系，如右上图是他1988年落成于法国巴黎国防部公共建筑前的大型作品《两条模糊的线》，就是以一种"宏大的无规则形状"（美国艺术评论家卡特·瑞切利夫语）来与大楼"必然的长方形"形成戏剧性对比。左中图是他以法国埃菲尔铁塔为背景的另一组《模糊线》，同样是利用任意性与偶然性，与铁塔的规整形成对比。左上图则是他为美国加利福尼亚州创作的一件作品，同样追求的是自由曲线与横平竖直的背景间的对比关系。

延展阅读：线构成

在平面构成中，线是点移动的轨迹，只具有位置及长度，不具有宽度与厚度。线构成是点构成的发展，作为以长度为特征的型材，可以分为水平、垂直与斜线，又可分为直线与曲线。直线往往是男性的象征，简单、明了、直率，表现出力量的美。右下图1即为一幅直线构成。曲线通常是女性的特征，温暖，柔和，有弹性，优雅。右下图2即为一幅曲线构成。维尼特创作大型公共艺术作品主要运用的是曲线的自由构型。最右边的图为他与自己大量运用的弧形构件在一起。

▼ 沿此虚线以下贴入设计作品（A4成品）

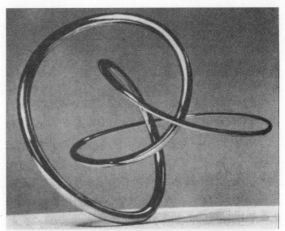

用线构形的艺术家自然有不同的创作手法，这里列举两位有代表性且各具特色的艺术家。美国艺术家约瑟·德·里维拉（Jose de Rivera）运用带有张力的曲线来限定空间，从而在各个角度都形成了符合黄金比例及其他形式美法则的轮廓与内部结构。作品用线虽然简单却形态优美，体积虽小却深沉大气。右上图为他早期架上作品《构成35号》，右中图为东京广播电视台大楼前的公共艺术品，设置了较高的红色基座，很好地突出了线形作品的主体。右下图为他1967年落成于华盛顿美国历史与技术发展史国家博物馆的作品《无限大》，作品为不锈钢材质，基座较高。

里维拉在美学法则上十分接近乔治·休格曼，即向水平方向拓展空间。与之相比，日本雕塑家伊藤隆道惯于将线条向垂直方向伸展。固然有艺术家的艺术哲学在内，但更有可能是为了适应日本城市较狭窄的空间特征形成的。左上图1为他1986年落成于东京都的作品《飞腾交叉》，左上图2为1986年落成于札幌艺术之林的作品《天空和大地的轨迹》。

Structural Public Art
构成型公共艺术——基于几何美感的设计

线性空间

思考与行动

用自由线构成的关键在于明确一种形式法则，简约还是繁复，水平还是垂直，基于审美经验还是基于数理逻辑。无论何种法则，各个视角的优美形式都是其成功关键。这种不规则曲面的视觉观感及类似雕塑的空间深度把握都是设计专业学生平时接触不多，需要弥补一定的理论知识并认真对待的。同时，线形作品的具体尺度往往需要参照周边建筑环境而定，但体积较小是其普遍特征，需要设置较高的基座加以配合，里维拉于华盛顿的作品、伊藤隆道位于东京的作品都采取了这一办法。

3.面面俱到

　　面构成在某种程度上是线构成的发展。运用面构成的公共艺术创作方式主要包含两种，一是面材的插接，二是面材的卷曲。面材之间的组合、插接能够产生优美、多变的形式感，起到活跃环境的艺术效果。这些作品往往单体尺度较小，强调插接、咬合关系，便于布置到已完成设计的硬质都市环境中，属于深化艺术设计的一部分。

　　上两图为奥地利维也纳中心公园中的面材插接型系列公共艺术品，色彩鲜艳，形态单纯，光影变化明显，并与水景有机结合，实现了很好的艺术效果。左中图则是构成主义创始人之一加波的一件曲面构成作品。右中图则是日本箱根雕塑公园中的作品《球体主题》。两者形态如出一辙。

延展阅读：面构成

　　在几何学中，面是线移动的轨迹，面材具有平薄和扩延感，面虽薄但构型手法较多，插接、卷曲等不一而足。右下图即为一件典型的采用圆形面插接手法的构成型公共艺术品。在插接过程中注意角度统一与变化，辅之以鲜艳的红色。

▼　沿此虚线以下贴入设计作品（A4成品）

多年的建筑设计背景为瑞士艺术家马克斯·比尔的雕塑创作打下了鲜明的几何化与模数化烙印，后面还将介绍他利用水平垂直体块进行的构成型公共艺术创作。这里是他利用拓扑中一个著名现象——单侧面的莫比乌斯环创作的经典作品《无尽的面》（见左上图）。作品名副其实，不但以艺术形式反映了数学、几何在现代社会生活中越来越大的作用，而且本身也具有优美的形式感。轮廓完整、风格厚重，铸铜材质的运用为作品增添了历史感。

高超的加工工艺也是《无尽的面》艺术效果得以实现的关键，作品的焊缝被仔细打磨下去，仅留下光滑找不到加工痕迹的铜板，成功表现出一种神秘、浑然天成的艺术感。

左中图是帕恩在日本神奈川横滨市民文化会馆创作的类似曲面构成作品《和平2》。作品落成于1986年，色彩鲜艳，总体量较小，形体也略显单薄，在主观赏面的选择上也与马克斯·比尔的作品有所不同。

Structural Public Art

构成型公共艺术——基于几何美感的设计

面面俱到

知识拓展：莫比乌斯

莫比乌斯环是一种拓扑学结构，将一张纸条扭转180度后粘接就能形成最基本的单侧面莫比乌斯环。莫比乌斯环最神奇的特征在于从任意一点上出发，都可以在同一面上回到这一点。1858年德国数学家奥古斯特·莫比乌斯最早发现了这一现象。莫比乌斯环代表的几何原理广泛运用于科技与工业生产中，如传送带、打印机色带。如果使用类似结构，可以有效避免单面磨损，提高使用寿命。现代标识体系中的可循环使用符号也取自莫比乌斯环的结构。另外，由于自身神奇的特性，莫比乌斯环还被广泛运用于科幻文学创作中，成为反映宇宙凹面与未知世界的一种象征。

　　利用莫比乌斯环进行创作是基于面构成的公共艺术中很有特色的一种，其构成逻辑相对简单，便于运用，但如果要推陈出新就必须具有更为深厚的几何学功底。

　　马克斯·比尔的作品《继续》明显使用了多次曲折、扭转变化后的莫比乌斯环为基本形，相较他以前的作品其形态无疑复杂了许多。除了形式新颖外，作品自身还具有稳定、对称、变化、统一等多重形式美感，并产生了极大的张力、动感和对空间的控制。高超的加工工艺也使大理石表面光滑肌理的艺术效果发挥到极致，是艺术与科技结合的经典公共艺术作品。

面面俱到

延展阅读：马克斯·比尔

　　来自中立国瑞士的设计师、雕塑家马克斯·比尔是第二次世界大战后金属构成雕塑家的先驱。他曾在包豪斯学习，并两次获米兰三年展奖项。在包豪斯期间，比尔深受匈牙利雕塑家纳吉的影响，并对万东格罗的数理逻辑和蒙德里安的矩形分割画面做了深入研究。在此后的艺术创作中，他严格秉承抽象构成艺术的法则，形成了清晰、简洁、深远的艺术风格。右下图为他探索莫比乌斯环这一艺术形式时进行的室内作品创作。1950年马克斯·比尔受命担当德国新成立的乌尔姆设计学院院长，他在教学中坚持包豪斯理想，把艺术性、人文性融入教学中，从而与观点更为理性的阿根廷人马尔多纳多发生争执，并于1957年离职。不过他依然在乌尔姆设计学院的历程上留下了不可磨灭的痕迹。

▼　沿此虚线以下贴入设计作品（A4成品）
· ·

4.周而复始

　　最早在室外作品中运用重复手法的是罗马尼亚雕塑大师康斯坦丁·布朗库西（Constantin Brancusi）。布朗库西惯于不断精炼提纯物体的体积，使它越发简洁单纯，直至只具有抽象的体积。1937年，步入创作生涯晚期的布朗库西为罗马尼亚特尔古系列作品，《无尽柱》就是其中的代表（见左中图）。为了纪念一战中牺牲在纪乌河畔的罗马尼亚战士，作品采用十六个相同的多边形，一个个相连直至深远的天空，似乎无尽无休。布朗库西对重复构成手法的开创性运用令人们初次认识到了抽象艺术语言具有的巨大表现力。

　　右上两图是马克斯·比尔在瑞士苏黎世的一件重要公共艺术作品。这件作品几乎占据了一条小街的大半，初看上去不像艺术作品而更像是古代建筑的遗迹，因为人们可以清晰分辨出梁、柱和门的形态。

　　这种在水平方向上展开而非向垂直方向伸展的公共艺术作品，在世界范围内也并不多见。

Structural Public Art
构成型公共艺术——基于几何美感的设计　　周而复始

延展阅读：马克斯·比尔的《亭》

　　前面介绍了马克斯·比尔的有机形态作品，左下图则是马克斯·比尔与前述《无尽的面》在形式上截然相对，但本质上一脉相通的作品——《亭》。这本来是一件具有室外作品尺度的室内展品，其形态充分体现了马克斯·比尔的建筑学背景。形体尺度之间都经过数学公式的缜密计算，并严格遵循抽象构成艺术本身的要义。事实上，右上两图苏黎世的作品可以看作是《亭》的放大和延伸。这件作品首先具有和谐的比例，立柱和横梁之比相当接近黄金分割律；其次，灰色石材的运用以及作品整体的尺度都与周边的建筑环境契合得十分紧密，巧妙地融入了环境；除了与环境的联系，作品自身也呈现出宜人的尺度感。允许游人亲身体验穿行其间的乐趣，而且立方体在地面的延伸还为游人提供了适于休息的地方；最后，这些梁、柱组成了多个重复出现的单元，尽管有尺度和形态上的变化，但总体上给人以强烈的秩序感与视觉冲击力。

马克斯·比尔在创作中反对与自然现象有任何联系等特点深远地影响了美国的极少主义者，他们从不同角度将构成风格作品发挥到了极致，索尔·莱维特（Sol Lewitt）就是其中之一。

在20世纪60年代中期，这种构成主义的终极形式出现于美国，并被命名为极少主义（也称最低限艺术）。其代表人物除了索尔·莱维特，还有罗伯特·莫里斯、唐纳德·贾德和最知名的托尼·史密斯。

索尔·莱维特使用边长经过严格计算的立方体为基本创作元素。右上图为其代表作《未完成的立方体》系列中的一件。美国艺术评论家罗伯特·摩根将莱维特的作品描述为"系统艺术的视觉化"，并指出"这一视觉系统基本建立在格子式的立方体单位基础之上"。左边两幅图是他在法兰克福环形公园办公楼前的一件大尺度室外公共艺术作品，体现了其一贯的造型法则与主题观念。

延展阅读：索尔·莱维特

虽然索尔·莱维特创作的初衷是观念而非美感，但他的作品无疑是表现重复构成美感的经典之作，这在极少主义之中还是不多见的。极少主义是构成主义发展到极致，对几何感的强调登峰造极时必然会出现的形式上高度简化的艺术形态。

总结极少主义可以发现，这一流派采用的造型语言主要来自包豪斯设计理念或说建筑上的"国际风格"。极少主义者追求的视觉效果则受到格式塔心理学的影响，其后现代意识形态和波普主义同源，两者在某种程度上有着相近的文化背景和历史渊源。但它没有波普艺术那大众化的甚至自嘲的外表，自然也不像后者那样受大众欢迎，这使其逐渐从20世纪70年代的巅峰走向衰落。

▼ 沿此虚线以下贴入设计作品（A4成品）

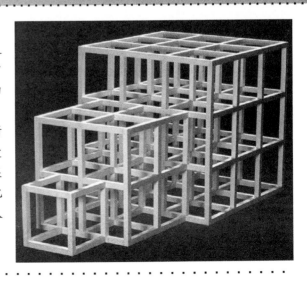

5.不动之动

对以立方体为基本构成元素的作品来说，比渐变或重复更复杂的构成方式是实现不对称的均衡。在这方面，美国抽象雕塑大师戴维·史密斯（David Smith）无疑是先驱者。他的代表作《立方体》是一系列巨大的不锈钢雕塑，由大量预制好的长方、正方体焊接在一起。以左上图中的《立方体17号》为例，作者虽然选用了大量不同形态的立方体，但无论是纵向还是横向轴线剖分，两侧的体积基本都是均衡的，但又比完全对称的形态有变化和动感。后来许多史密斯的作品都被收藏，左中图即为古根海姆博物馆中庭中的《立方体17号》。通过《立方体》系列，史密斯极大地发展了构成主义雕塑流派，并为之打上了深刻的美国烙印，深远地影响了之后的极少主义。

右图1是日本艺术家高桥克明的作品，他偏爱运用正方体的堆积制造不稳定的视觉效果。虽然看上去摇摇欲坠，但这些正方体组成了轴线两边体积基本相当的金字塔形，不对称但均衡，圆环的加入使构成元素更为丰富。同时这种造型方式还具有不断扩展的潜力，可以根据环境扩大或缩小体积并更换颜色，特别适于设置在空间狭小的庭院和步行街以活跃氛围。

右图2是日本艺术家中江纪洋落成于北海道环洞爷湖雕塑公园的《生彩》。长方体在弧面上只能有一个支点，必然产生如跷跷板般的摇摆，形成视觉和心理上的不稳定感。这种不稳定感使由两个简单规则形体组成的作品克服了简单和呆板，同时也制造出幽默感。另外作品高超的抛光工艺也极大地增强了作品的艺术效果，并与作品设置地的自然环境形成了鲜明的反差。

延展阅读：美国现代雕塑之父——戴维·史密斯

戴维·史密斯出生于1906年，是受欧洲现代艺术影响的第一代美国构成雕塑家，他具有美国艺术家的典型特点：自学成才，热爱手工劳动、想象力大胆奔放、很少受传统约束。史密斯早年受益于罗斯福新政对艺术家的赞助，第二次世界大战期间在军工厂做机械工作，丰富了自己处理金属材料的技术经验。二战后，戴维在毕加索金属焊接雕塑和构成雕塑风格的启发下，创作了在学术上有很大影响的《立方体系列》，左下图为《立方体19号》。

作为一个有着美国工人外表、自己挥动焊枪的艺术大师，史密斯也被称为"一个表现现代（美国）工业文明本质的艺术家"。虽然他本人落成于公共场所的作品不多，但他的创作探索为之后美国公共艺术繁荣奠定了深厚的造型基础，并培养出了詹姆斯·罗萨蒂等知名公共艺术家。

戴维·史密斯的《立方体》系列的造型要素都被简化到极限，强调着工业、金属、机械的无机感与力量感，这是一种可能只有在美国人文环境中才能勃发出来的创作冲动。最早的《立方体》系列都立于美国旷野中，作品表面经过抛光处理并带有特殊的纹理，表现着"机器静止时的深刻沉默"的深沉主题。

在极少主义者广泛运用各种形态、尺度的立方体作为基本构成元素外，还有很多艺术家另辟蹊径，采用富于新意的基本构成元素。美国艺术家亚历山大·利伯曼（Alexander Liberman）就是其中的一位。他运用不同直径的金属管材斜切后得到的断面，综合运用统一、对比、变化、均衡等形式美法则进行组合，落成的作品色彩鲜艳明快，形态变化丰富、充满活跃的张力，为呆板生硬的都市环境注入了难得的生气。

上面两幅图是利伯曼落成于美国达拉斯市市政中心前的作品《冒险》。作品基本构成元素是经典的红色管材斜切面，这种基本元素从一个角度看具有厚重的体量感，从另一个角度看又完全通透，从而赋予了作品多变的视觉观感。作品整体形态既呈现金字塔般的稳定，又显现着由连接不稳定产生的视觉动感。作品还提供了路人穿越其中的空间，既不阻碍交通流线，又提升了公众的参与感。

不动之动

公共艺术创意设计

延展阅读：亚历山大·利伯曼

亚历山大·利伯曼与后面要介绍的的亚历山大·考尔德都是在美国20世纪后期社会、经济、文化繁荣带动公共艺术快速发展期间涌现出来的知名公共艺术家。他们的作品形式感强、能与都市环境很好契合，充分反映了一个时代美国社会的审美需求。与考尔德相比，利伯曼的作品中既有人文思考又有对电子化、商业化和快节奏的表现，因此广泛落成于多座美国大中城市。右下图1为他的作品《上升》。右下图2为他在洛杉矶克拉克大厦前的作品。

▼ 沿此虚线以下贴入设计作品（A4成品）

詹姆斯·罗萨蒂（James Rosati）是戴维·史密斯的弟子，在造型元素的运用上也忠实继承了后者的思路并有所发展。这是位于美国纽约世界贸易组织中心的《表意符号》，大尺度的不锈钢长方体与周边横平竖直的现代派建筑有所呼应，但其充满跃动感的布置方式又彰显着艺术的不羁，暗示着现代社会中不确定的个人生活。该作品在各个角度都实现了经典的不对称均衡，也是极少主义风格的公共艺术中相当具有欣赏性的作品。

欧洲艺术家马库斯·施坦格尔在慕尼黑的作品（见左上两图）在主题、选材上都具有浓厚的人文主义色彩。六块坚实沉重的花岗岩在垂直方向一块一块堆叠起来，相互之间用卯榫结构组合，并用具有机械美感的钢棒和螺栓连接。在主题上，作者用这种花岗岩相互连接不可分割的形式寓意欧盟各国紧密协调互相合作的主题。从形式上看，作品在物理和视觉两个角度均实现了均衡，同时又成功表现出运动感，可谓动静结合，给人以强烈的视觉和心理冲击。

对称是点、线、面在上下或左右由同一部分相反复而形成的图形，它表现了力的均衡，是表现平衡的完美形态。但完全对称也会给人以呆板、静止和单调的感觉。因此，在艺术中往往追求不完全对称，但要有在轴线两边形体面积相近的均衡感。对称与均衡也由此组合成为一条重要的形式美法则。在对称与均衡的具体关系上，一般来说对称的形象、形体必然是均衡的，但均衡的形象、形体不一定对称。

Structural Public Art

构成型公共艺术——基于几何美感的设计

不动之动

左下图1为日本艺术家流政之在东京都港区专利厅门前的一件小型公共艺术作品，名为《智慧的微笑》，与前述中的《生彩》有异曲同工之妙，只是《生彩》是一个相对均衡的长方体放在一个不平衡的基座上，而《智慧的微笑》则是不平衡的半圆形形体立在稳定的正方形基座上。前者的材质选择注意与自然环境的对比，后者的材质选择则与周边建筑形成统一。

左下图2的作品运用典型的反转对称手法表现出不对称的均衡感。

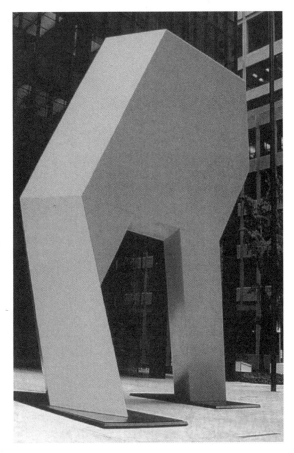

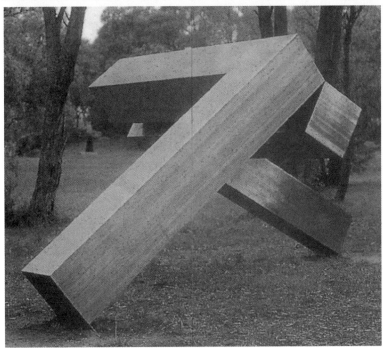

6.钢铁探戈

在重复、对称、均衡之外，以立方体为基本元素的构成型艺术中还有特征鲜明的一个族群。它们往往在水平方向上展开，形体坚实有力，块面转折明快硬朗，尺度对比经过精心计算以符合黄金比例，给人的视觉观感犹如音乐艺术中的抑扬顿挫一般。它们就是运用节奏、韵律这一形式美法则进行创作的公共艺术品，是都市和自然环境中的硬派艺术，宛如钢铁舞动的一曲探戈，节奏分明、充满激情。左上图、左中图及右上图均为欧美等国的同类公共艺术作品。

延展阅读：构成中的节奏和韵律

　　节奏意指同一现象或形体有规律地、周期性地反复或交替出现。原本音乐是运用节奏为主要形式美感法则的艺术形式。但是随着现代艺术设计的发展，节奏也越来越多地被运用到服装、视传等设计中去，通过形体尺度、形状和色彩有规律地不断反复交替出现以产生形式美感。

　　当节奏不断反复出现并加上高低、长短、起伏等变化时，就出现了韵律。韵律是节奏的深化形式，巧妙运用能够在艺术设计作品中取得更好的效果。右图为运用节奏、韵律进行创作的一幅平面构成作品。

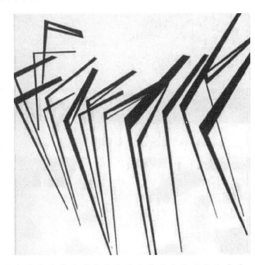

▼ 沿此虚线以下贴入设计作品（A4成品）

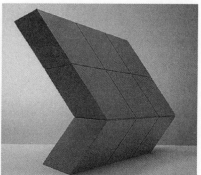

极少主义是运用节奏和韵律进行公共艺术创作的主要艺术流派，其中知名度最高，作品形式也最具代表性的当属托尼·史密斯（Tony Smith）。他惯于运用简洁的结构去表现具有人文主义色彩的观念。为美国华盛顿劳工大厦设计的《必须服从她》就是这样一件作品（见上三图）。从侧面看，形似高度抽象化的人像正在弯腰低头，形象化又颇具趣味。主要的弯折点选在全高的三分之二处，接近黄金比例。同时作品还从视觉上和物理意义上实现了不对称的均衡，既稳定又富于动感。右上图为托尼·史密斯早期创作的小稿。

落成后这件作品高近十米，由9块不锈钢菱形六面体组合而成。雕塑严整规范，与身后横平竖直，一板一眼的大厦既有元素统一之处又有对比变化。雕塑的颜色也经过细致研究，上面的3个菱形体为蔚蓝色，另6个为钴蓝色。可以说，《必须服从她》是使用了最简单的节奏感创作出的成功作品。

Structural Public Art
构成型公共艺术——基于几何美感的设计　　钢铁探戈

延展阅读：极少主义的前世今生

极少主义（亦称最低限艺术）高度抽象的形态往往使人觉得它们从一开始就是为都市室外环境创作设计的。但事实上，极少主义的早期代表通常是较大尺度的室内试验性作品（见左下图），这些作品的创作意图原本是希望观者根据自身的"感受性和知觉性来作客观的评价"。只是到了"1960—1970年，许多最低限雕塑的纪念性的尺度，不可避免地引出一个给特定空间或特定场所搞雕塑设计的概念"（见H.H.阿纳森的《西方现代艺术史》）。这一概念的生发与欧美国家保障艺术建设资金的机制结合，逐步出现了遍布欧、美、日城市公共空间的巨大、简洁的极少主义公共艺术品。

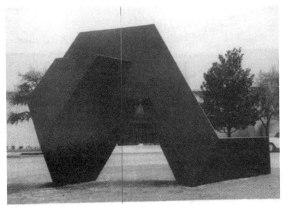

左上图与右上图为史密斯的《蛇出来了》不同视角。左下与右中两图为其《香烟》的不同视角及模型，都是形态变化莫测又令人着迷的典型作品。

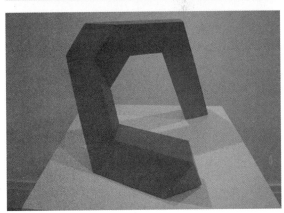

延展阅读：托尼·史密斯

　　托尼·史密斯的作品工整而又不乏幽默，充满了对人文精神的关怀，深受公众欢迎。但也正因如此，他在极少主义内部受到的质疑也最多，很多人认为他不能算作是真正的极少主义者。托尼·史密斯的成长经历与包豪斯设计理念息息相关，他曾就读于美国的芝加哥包豪斯学校，后来又长期作为著名国际风格建筑师莱特的助手，教育背景和生活经历的烙印注定他的作品中少不了建筑般的体量和几何形式感。托尼·史密斯的作品造型也能清晰反映出他对晶体结构的痴迷。丰富的变化来自同样元素的不同排序，右下图为他在宾夕法尼亚州立大学的作品《迷失》。作品具有更加围合的空间感，还为学生提供了充分的休息功能。

▼　沿此虚线以下贴入设计作品（A4成品）

生于澳大利亚墨尔本的艺术家克莱门特·麦德摩尔（Clement Meadmore）在创作生涯早期也与极少主义有紧密联系，但后来他渐渐形成了自己更具人文主义色彩的风格。麦德摩尔惯用一个较长的立方体作为基本造型元素，但是与其他极少主义家或切削或尖锐转折的处理方法不同，他强调的是曲折。坚硬的钢铁仿佛被某种强大的力量扭转成一个不可思议的角度，直面与曲面、雕塑与建筑之间既对比又调和，令人产生某种质感上的错觉。这种同时实现简约和复杂的艺术形式仿佛兼具舒缓紧张情绪和宣扬激情的功能。对带有钢锈包浆的考登钢的使用也赋予了作品更多的自然色彩。

Structural Public Art
构成型公共艺术——基于几何美感的设计 　　质感错觉

延展阅读：对比与调和

　　对比与调和也是重要的形式美法则之一。在设计艺术中，对比往往指作品形态、色彩、尺度等打破过分统一的手法，可以打破呆板僵化的局面。但过分强调对比又会使作品不同部分相互对立，因此就需要将对比的两方面加以协调统一，确立支配与从属的主次关系，以使作品达到臻于完美的境界。在带有极简风格的公共艺术作品中，类似麦德摩尔的弯折几何形体的手法在都市环境中得到广泛应用，几何形态的立方体与周边的建筑相统一，带有有机感的弯折又与建筑形成对比，从而保证了作品在建筑环境中既对比又调和的完美艺术效果。

如果说麦德摩尔作品中实现的对比与调和还是相对单纯和简约的美,那么西班牙艺术家爱德华·奇达利则将构成形式中的对比与调和推向更复杂的高度,甚至更接近有机形态。他从20世纪60年代以来开始以锻铁为材质,通过一系列作品探讨构成组合间带有自然性质的扭转、拉伸、合并、舒张,使金属材质仿佛具有了某种生命感。从西班牙伊格尔多山脚到翁达莱塔海滩的礁石上,奇达利留下了他最著名的作品《风之梳》。一系列位置独立又保持形式联系的构成,与礁石融为一体,仿佛正在梳理海风,又仿佛为海风的力量所弯折,似乎预示着人与自然既抗争又和谐共存的关系(见右上三图)。

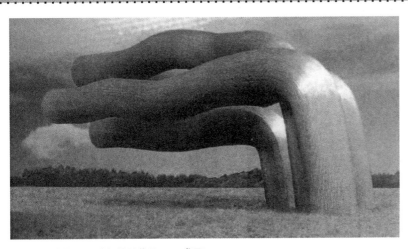

代表德国构成型公共艺术最高水平的是马丁·马钦斯基(Martin Matschinsky)与布里吉特·丹宁霍夫(Brigitte Denninghoff)夫妇。他们最为著名的作品当属寓意东西德统一的《柏林结》(将在最后一章介绍)。他们两人利用大量细不锈钢管,手工组合成更大直径的不锈钢管状体,并扭转成富于形式美感的角度,形成金属质感与柔软形态间的对比。这种特殊加工工艺也赋予了他们一系列作品极为丰富的表面肌理。

▼ 沿此虚线以下贴入设计作品(A4成品)

与前面介绍的一样，日本公共艺术家在运用材质、形态的对比与调和方面，还是延续了他们精细小巧的风格。左上图是日本艺术家Shinkichi Tajiri为荷兰鹿特丹机场创作的一件构成型公共艺术品。运用坚硬的金属材质弯折成绳结形状，营造出形式美感的同时也带有一定的幽默色彩，金属绳结的高度也考虑到了人体尺度以保证安全性。左中图为他在洛杉矶小东京区创作的一件形式相近的作品，作品垂直向上的形态也考虑了与环境的协调。

右上图是日本艺术家鹿田淳史为宇部市常盘公园创作的一件作品。规整的门形结构上部塑造出富于有机色彩的变化，扭转的弧面与规整的平面形成了鲜明的对比。同时从这件作品也可以看出日本发达的金属加工工艺，大量在金属板材成型、弯折、焊接和表面处理方面有绝活的町工厂、家族企业为日本公共艺术的艺术效果贡献颇多。

Structural Public Art
构成型公共艺术——基于几何美感的设计　　质感错觉

左下图是《世界城市环境雕塑》系列的作者樋口正一郎为五十铃公司美国拉菲特市制造厂创作的《春天》。作品在一个圆环的基础上进行了扭转，也符合对比与调和的形式美原则，形态简洁、色彩明快。 从这件作品和上面的例子可见，日本艺术家的作品往往随着日本侨民、企业的海外布局而走出去，展现了日本的文化特色，也相当于提升文化软实力的一种举措。

美国权威艺术史学者H.H.阿纳森在《西方现代艺术史》中的话可以作为几何构成型公共艺术最好的定语： "几何形构成，使那些围绕着新式摩天大楼的空间，那些艺术博物馆公园或者新的大学组合建筑群的空间非常动人。这种基本中立性的艺术很适于配合建筑。"

8.按图索骥

　　上两图是位于山西大同的构成型公共艺术作品《合旋》（作者：王鹤），作品选择了对几何体块进行带有有机意味的扭转、拉伸、穿插、变形，以达到各个视角上符合对比、调和、统一、对称、均衡等形式美法则的轮廓，并在静态中营造出强烈动感。作品从构思时就将虚的空间与实的形体放在统一视野中综合考虑，并利用中部的开洞使空间与形体融为一个整体，有助于解决有关重与轻、实与虚的一系列形式问题并使作品实现更好的艺术效果。

　　左中图为天津大学建筑学院一年级学生的建构作业《环环相扣》（指导教师：王鹤、张天洁）。学生们选择了两种基本的构成元素——弧形和半圆形，并基于基本形重复的形式美法则进行插接组合，作品具有很好的秩序感与整体性，虚实得当，并有很好的通透感。囿于成本与加工手段，作品选择了非永久性材料，如果换用更加坚固、质感更好的金属板材必将实现更好的艺术效果。同时该作品根据放大比例不同还具有盛放、休息等功能，具有相当大程度的扩展潜力。

　　右下图为南开大学滨海学院艺术设计专业学生进行的"基于几何形体的公共艺术设计"课题作业《无题》（指导教师：王鹤）。学生们选择了圆环作为基本的构成元素，并基于渐变法则处理基本元素之间的关系，使作品得以形成空间感和延伸感。以圆环为基本元素有诸多优势，首先是视觉上具有很好的通透性；其次能很好地与周边建筑形成对比与调和的关系，从而适应不同环境；最后放大到一定尺度后，还能为游人提供一个穿过、参与、娱乐的空间，更好地实现公共艺术的真正内涵。

▼　沿此虚线以下贴入设计作品（A4成品）

4 能动型公共艺术——基于运动的设计

要求与内容

要求

作品具有能动性是现代公共艺术的一大特征。许多艺术家借助精密金属加工技术与声光电技术赋予自己的作品能动性，从而打破了单一的静止状态，实现了更丰富多变的艺术效果。在这一部分要求学习者了解全部四种主要能动类型，并利用其中一种展开设计。当然，考虑到国情，在学生的课题训练中还是鼓励多尝试风动、水动等方式，因为电动作品涉及维护责任、安全责任、能源支出等问题，很多时候不是单纯依靠设计手段所能解决的。

讲授内容

当前，能动的公共艺术主要分风动、水动、电动和光动等四种类型，本章节就以这一顺序展开。

1. "塑"欲静而风不止

"塑"欲静而风不止这一组团标题来自"树欲静而风不止"这一短语，讲授的是能动型公共艺术大家族中数量最多的风动型公共艺术，亚历山大·考尔德、乔治·里奇和新宫晋等人都是这一领域的代表人物。

2. 水到"趣"成

水到"趣"成这一组团标题来自"水到渠成"这一成语，概括了水在提升公共艺术作品能动性及趣味性方面的突出作用。这一部分以野口勇和关根伸夫等人的作品为主展开，包括大量与水体结合的公共艺术设计中的技术要点。

3. "电"到为止

"电"到为止这一组团标题来自"点到为止"这一成语，突出了电动型公共艺术作品的特征。为作品《捶打者》加上电动机的博罗夫斯基是这一领域的代表性人物。

4. 有光为证

这一组团以斯蒂芬·安东纳科斯、宫胁爱子等人的作品为案例，讲授了综合运用光电技术赋予作品动感的公共艺术设计。

案例

1.考尔德作品，稳定的运动

2.旋转的水平连接的三个长方形，竖向排列偏心旋转的四个正方形

3.鲸，波浪的羽翼

4.喷水洗澡雕塑

5.蓬皮杜艺术中心水景作品

6.水火环

7.水的神殿

8.舍弗作品，光——空间调节器

9.捶打者

10.瞬间永恒

课前准备

1.观察身边机械设备的旋转枢轴结构，温习物理课程中力臂平衡、水的流体特性等知识点。

2.搜集世界范围内优秀的能动型公共艺术案例。

课堂互动

1.力争为自己基于前述三种主要设计方法设计的作品加入一种能动的设计要素。

2.基于能动性展开全新的创意设计，并将方案在课堂上汇报交流。

思考与行动

1.如何处理能动型公共艺术所必需的结构问题？

2.在与水景结合的公共艺术设计中如何充分利用水的特性？

3.设计机械活动式公共艺术时需要注意哪些后续管理问题？

延展阅读

1.对活动雕塑价值的不同观点

2.水景工程与公共艺术

3.水景公共艺术的技术问题之一

4.日裔美籍艺术家野口勇

5.水景公共艺术的技术问题之二

6."物派"艺术家关根伸夫与他的环境艺术研究所

7.水景公共艺术的技术问题之三

8.光与运动艺术的先驱——拉兹洛·莫霍利·纳吉

9.对《捶打者》主题的推测

10.宫胁爱子与矶崎新

参考书目

《世界城市环境雕塑·日本卷》/竹田直树

《百分比艺术》/黄健敏

1. "塑" 欲静而风不止

尽管三维艺术中的动感是一个古老的话题，但真正将动态艺术发扬光大并使之走入广阔的公共空间的，则当属美国艺术家亚历山大·考尔德（Alexander Calder）。考尔德出身艺术世家，却考入史蒂文斯理工学院就读于机械工程系，这种理工科背景和在机械结构上的造诣为他后来的发展增添了别人无法企及的优势。28岁的考尔德游历欧洲，当时欧洲正盛行的超现实主义、构成主义、荷兰派以及毕加索的一些集合试验，尤其是加波的艺术给了他很大启发，他开始尝试很多小型的具有构成意味的雕塑，1929年的《带手柄的浴缸》就是代表作，这些作品通常以金属丝为主要受力结构，从而不断改变自身形态。

20世纪50年代后，回到美国后的考尔德逐渐将活动雕塑由沙龙内的试验场转向了广阔的公共天地，从1958年为联合国教科文组织总部设计《螺旋》开始，带有固定基座、枢轴、随风摆动的叶片的彩色雕塑形式就逐渐成为考尔德的象征。他于1962年为意大利斯伯莱托雕塑展览会创作的《太奥迪拉皮奥》更是其中的经典，雕塑的四个组成部分都装有发动机，风力驱动的活动臂不停旋转、跃动，这些片状结构与现代派建筑契合得很好，并有效地包容和限定了大片建筑空间。可以说，运动作为一种存在，使考尔德的作品在自然力的影响下不断改变自身在空间中的形象，更不断改变与环境的关系，从而带有永恒和生命力的意味。

这里是考尔德有代表性的两件活动雕塑，左上图所示的作品位于德国斯图加特中心火车站南侧凯尼希大街上，作品主体由曲折变化的红、黄、黑几何形状组合而成，这显示出考尔德艺术中与蒙德里安的"冷"抽象绘画艺术的联系。作品顶部是带有圆形和三角形叶片的两级枢轴，可随风转动，形态不断变幻。整件作品洋溢着热情与活力，与环境相得益彰。

左中两图是考尔德位于西班牙索菲亚王妃艺术中心庭园的一件作品。这件作品有一个坚实的钢板焊接的金字塔形基座，顶部是类似天平结构的两组形态对称、色彩相反的枢轴和叶片结构，这种带有有机性质的造型显示出考尔德艺术中超现实主义的影响。

Dynamic Public Art
能动型公共艺术——基于运动的设计　"塑"欲静而风不止

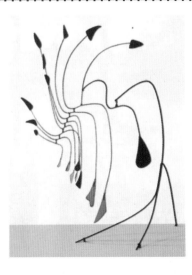

延展阅读：对活动雕塑价值的不同观点

著名存在主义哲学家萨特（Jean-Paul Sartre）认为"他（考尔德）的活动雕塑确实没有任何意义；它们只是代表它们自己……它们是纯粹的。"但是阿恩海姆则持批评态度，他指出："当某些现代派雕塑家致力于活动雕塑试验时，他们最终只能做到在控制它的运动和将它局限于简单的转动这两者之间选择（这与它们精心设计出的形象很难一致）。他们或许能使这种'活动装置'的关节自由地活动，从而表演出一种滑稽的和偶然性的花样，但这种式样只能使观众感到愉快，却不能使他们对它的万花筒般的千变万化表示赞赏。"后者的评价可能略显苛刻，但总体而言，考尔德的活动艺术作品年代较早，形态还比较简单，其更大的影响力被证明来自其公共性而非活动特质，考尔德最知名的作品也都是他的"固定雕塑"。但不可否认的是考尔德最早将活动雕塑的概念付诸公共领域的大规模实践，并吸引了众多后来者投身其中不断完善，这正是其最大功绩。右下图为考尔德1950年的作品《稳定的运动》。

在动态艺术领域，出生于1907年的美国艺术家乔治·里奇（George Rickey）可与考尔德齐名。他的作品很好辨认，铝合金材质的长方体、正方体、三角形甚至于针形体，围绕着不同方向的枢轴，在微风中轻轻地甚至是难以察觉地旋转，不断地改变着自身的形态，时而单纯时而复杂，无时不在体现着工业时代和机械文明的独特美感。右上图为他1991年落成于东京都新宿的《旋转的水平连接的三个长方形》。

除了具有运动特点，里奇的作品形态丰富，往往遵循着严格的构成形式美法则。他的作品体积较小，占地面积有限，大多数情况下都是以一根支柱将作品旋转的主体支离地面，既保证了安全性，又能适应不同尺度的空间，在与现代化的建筑环境融为一体的同时，带来了难能可贵的变化与活力。

显而易见的一点是里奇的作品要解决的工程问题比考尔德更困难，因为考尔德作品中旋转的部分仅是细小的杠杆和单薄的叶片，重量有限。而里奇作品中旋转的部分则是作品本身，这些立方体经常按照某些非常极端的设计，比如多级枢轴结构自如旋转，这对轴承精密度、重量控制都提出了极高要求。究其原因，与在美国军工厂做过机械工作的戴维·史密斯一样，里奇也曾于二战中为美国军工业工作。他在自己晚年的回顾展上回忆起自己设计轰炸机的机枪炮塔的经历，这种炮塔要求在任何严酷的重力、风力条件下都能快速可靠转动。这种特殊的工作经历令里奇对高质量的滚珠轴承、平衡配重问题、铆接钣金工艺都有了深刻了解，并在日后的创作中熟练运用以实现惊人的艺术效果。与戴维·史密斯一样，里奇的作品在自然环境中也有很好的效果，因为这些金属又以一种最微妙的方式与自然发生着互动。

里奇的作品深受欢迎并广泛分布于欧、美、日许多城市，右中图是他1991年落成于东京都新宿的《竖向排列偏心旋转的四个正方形》。他的成功不是偶然的，回顾里奇成长的经历，不难发现，发达的金属工业基础、悠久的机械工程教育体系、开放包容多元化的艺术氛围以及经济高度发达之后对公共艺术建设的高度重视等，都是金属材料动态雕塑在美国这片年轻土地上兴旺发达的重要原因。

里奇的作品不但经过严苛的测试以适应每小时80英里的狂风，还要能在微风下旋转。在很多体积较小的作品内部，还通过灌铅来增加重量，避免风力损坏。人们很自然地会将里奇与考尔德的作品相比较，如阿纳森所言："里奇的作品是一种与考尔德完全不同的运动艺术，但他以自己的方式，像考尔德的作品一样独具特色。"但事实上，两者的相同之处可能只在于实现了运动这一点。里奇的作品更接近戴维·史密斯雄浑、优雅的美国原创构成风格。事实上可以把里奇的作品看作是能动的戴维斯作品，两者的造型逻辑、体量关系甚至于表面刨光形成的特殊肌理都几乎一模一样。右下两图均为里奇以矩形为基本构成元素的作品。

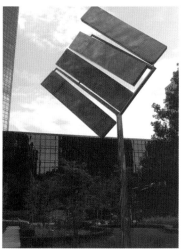

▼ 沿此虚线以下贴入设计作品（A4成品）
· ·

新宫晋是日本著名的风动艺术家，1937年出生于大阪，与很多日本公共艺术家一样是油画专业出身。左上图及左中图就是他为美国波士顿水族馆创作的公共艺术品《鲸》。作品形态虽已经过极简抽象，依然可以分辨出鲸的形态，尾部和背部是二维剪影，其他部分是开放的框架结构，虚实得当，不但颇为传神而且憨态可掬。较高的支架使作品更为醒目，两头基本对称的鲸不但随风力绕中央枢轴做水平旋转，而且也能各自绕轴做一定角度的俯仰变化，红色的涂装更是增添了活力，颇具卡通效果与喜庆气氛。

与考尔德和里奇相比，新宫晋的作品自由度更大，形态更丰富。大概因为是画油画出身，所以新宫晋的造型手法明显带有本书第二章介绍过的二维特征，即用平面图形拼装组合成为立体形态，左上图的《鲸》就是一例，而且新宫晋现在还是一位著名的儿童绘本大师。新宫晋作品中还充满了对自然的感情，并积极从日本传说、造园艺术中汲取元素，具有简约静谧的艺术魅力。右上图为1991年落成于广岛濑户田町日落滩的《波浪的羽翼》。

近年来，新宫晋也屡次接受中国方面的邀请，在深圳、北京清华园等地留下了作品。

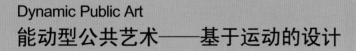

Dynamic Public Art
能动型公共艺术——基于运动的设计

"塑"欲静而风不止

思考与行动

为公共艺术作品加入能动元素是一项涉及多个学科的复杂工作，包括美术学、设计艺术学、动态问题技术、机械动力与材料学、动力能源研究、人机工学等。作者必须将这些学科的知识融会贯通，考尔德、里奇等人的跨学科背景正是其成功要素之一。国内近年来也出现了一些能动作品，但还多停留在轴对称、力臂较短的程度，如左下图就是以风车为基本元素的一组公共艺术作品，由展览中的一件获奖作品直接等比例放大而成。

能动型公共艺术作品的设计往往不是从形态出发，而是直接从能动的节点、平衡、配重等机械学、力学问题入手，并根据这种节点的特征选择材料、工艺甚至安排形态。完成的设计还要经过多方面的缜密测试，以保证在各种极端气候下的安全性。在中国国情下，还要考虑作品的后续维护问题。

水与人类生活密切相关，也是自然环境的主要组成部分。水景设计传统上属于园林、景观设计范畴，具体有静水、动水、跌水和喷涌等形式。在人工城市环境中设计喷泉等水景，是对自然景观的利用和再现。

公共艺术品与水体的结合，为双方都带来了进一步发展的广阔空间。艺术品本身在新技术、新材料、新理念的作用下能依靠水产生更鲜明的变化。在这方面，最基本、初级的组合无疑是艺术品与喷泉的直接结合，艺术品与喷泉是完全分开的，喷泉衬托艺术品而存在，艺术品提升水景的品位，如左上图所示。

中级的组合方式是艺术品必须利用静水才能实现自身艺术效果的完整性，比如下图中美国巴尔的摩的水景，框架结构的海豚如果离开水体艺术魅力就会大打折扣。也就是说这种艺术品必须结合水体展开设计。

"塑"欲静而风不止

延展阅读：水景工程与公共艺术

水景工程总体上可分为两大类：一是仿照天然水景形式的小瀑布、溪流、人工湖、泉涌等；二是利用现代喷泉设备进行人工造景，包括音乐喷泉、程序控制喷泉、旱地喷泉、雾化喷泉等多种形式。两种水景工程虽复杂程度不同，但都包括土建池体、管道阀门系统、动力水泵系统和灯光照明系统等子系统。

公共艺术与水景工程结合还要提供一定的实际功能，特别是游乐、休息等。右图是日本艺术家饭田善国在东京都芹谷公园的《喷水洗澡雕塑》，作品运用了水车结构为基本元素，在自身转动变换形态的同时还能为游人带来欢乐。

▼ 沿此虚线以下贴入设计作品（A4成品）

2.水到"趣"成

与水景工程结合的欧洲公共艺术中知名度最高的当属巴黎蓬皮杜艺术中心旁由一对艺术伴侣尼基·德·圣法尔（Niki de Saint Phalle）和让·廷盖里（Jean Tinguely）联手设计的作品。这是一组由多个不同形态、主题的艺术品组合而成的大型公共艺术。从整体布局来看，这些作品排列疏密得当，彼此间明暗、色调对比强烈，加之设置于作品中的喷头不停喷水营造动感，整体洋溢着狂欢般的喜庆气氛，与代表"高技派"建筑风格的蓬皮杜艺术中心形成了绝妙的搭配，具有鲜明的欧洲艺术原创风格。

德·圣法尔以色彩鲜艳、形态夸张的人物或动物造型见长，善于营造幽默、狂欢的艺术效果。廷盖里则善于利用废旧金属拼接，以表现机械文明终结的主题。这两位风格相去甚远的艺术家联手反而产生了意想不到的效果，两者作品形成了一明一暗、一动一静、一张扬一内敛的强烈对比，令人印象深刻。

Dynamic Public Art
能动型公共艺术——基于运动的设计　水到"趣"成

延展阅读：水景公共艺术的技术问题之二

与传统固定公共艺术，甚至于风动公共艺术相比，与水景结合的公共艺术要在设计中考虑并妥善解决诸多材料、工艺等技术问题，以在展现美观的同时实现可靠性与安全性。首先要考虑水深和池壁高。从水泵运行等角度考虑，0.6m～0.8m水深最理想，但考虑到幼儿有可能落入水中，应该将水深控制在0.2m～0.4m。池壁也必须从人机工学的角度考虑可供人休息，当以0.3m～0.45m为宜。右下图中蓬皮杜艺术中心水景公共艺术是在传统喷泉上加以改造，在混凝土池壁上加上了一整圈不锈钢座椅，能够提供充分的休息空间。另外池中喷水艺术品需要电缆、水管连接，布线较凌乱且裸露在池底，不适宜游人下水嬉戏。作者将椅背设计得较高且没有留缺口，就是为了起到阻止游人入池的作用。

1971年，底特律的支柱——汽车产业正面临衰退，急需在城市建设上聚拢人气，哈特广场成为这一重建项目的重中之重。前一年日裔美籍艺术家野口勇在日本大阪世博会上创作的9个喷泉深深打动了哈特广场审查委员会，他们邀请野口勇来完成整个广场规划。充足的预算和宽裕的工期令野口勇将这件作品当成施展他全部才华的大舞台，广场规划包括一个高三十余米的纪念塔门"Pylon"。但更为引人注目的是位于广场核心的豪瑞茨.E.稻基与儿子（Horace E.Dodge and Sons）的纪念喷泉"Horace E.Dodge"（见右上图，另有译为《水火环》）。右中图为哈特广场平面图。

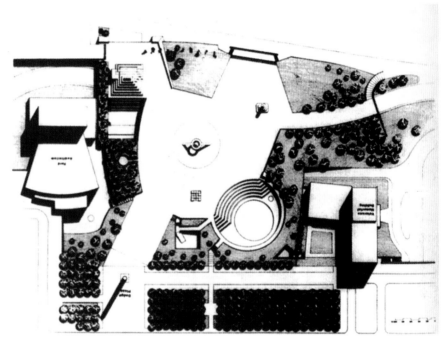

延展阅读：日裔美籍艺术家野口勇

出生于1904年的野口勇是一位日美混血儿，因为童年在日本受到排斥而回到美国接受教育。在欧洲时，野口勇为布朗库西做过助手，掌握了娴熟的石雕技艺、培养了对原始艺术的关注和对空间、自然的理解。此后的野口勇游历欧洲、中国和日本，并旅居北京求学于中国国画大师齐白石，创作了大量水墨画，固化了他艺术中的东方因子，强化了他对于生命本原意义的认识。野口勇充满创新精神的设计风格从1933年《犁的纪念碑》和纽约《游戏山》就开始显现。在《闪电》（富兰克林纪念碑）设计中得以成型。此后野口勇又逐步融入水的能动因素，并大胆使用最新工艺材料。这些都在他的代表作《水火环》中被发扬光大。

在和纽约画廊与收藏家打交道的过程中，野口勇坚定了为社会进行创作的决心，明确了自己的艺术要服务于大众而非小众的信念，从此甘于淡出艺术圈，得以成为公共艺术领域的重量级人物。

▼ 沿此虚线以下贴入设计作品（A4成品）

《水火环》是一件充分采用电脑技术等高科技的能动公共艺术作品。喷泉由一个圆形花岗岩水池和经过高度抛光的不锈钢、铝结构组成，水柱在电脑程序控制下从水池中咆哮而出，穿过金属环，直插天际，时而又如水雾一般弥漫缥缈，变幻不已。20世纪70年代正是美国社会探索宇宙的高峰，这件作品宛如高科技的交响乐，奏响了向未知社会进发的最强音。

同时在艺术品与公共环境的关系上，野口勇也是可贵的先行者，左上图与左中图为哈特广场落成后的远景图，可见作品与广场形态、交通流线、功能分区都有很好的协调关系。

右下图为《水火环》局部，在这件作品中野口勇成功实现了艺术与科技在较高层面的结合，他评价自己的作品："一台机器成了一首诗"。对一件20世纪70年代的作品来说，它属于未来。

Dynamic Public Art
能动型公共艺术——基于运动的设计　水到"趣"成

延展阅读：水景公共艺术的技术问题之二

在结合水体的公共艺术设计中，艺术家既然利用能动的水作为造型元素和表现手段，就必须充分掌握调节喷水效果的技术。一般来说，水柱的变化可以通过编程或音乐控制，具体的调节手段有水泵调速、电磁阀门开启度等。在大型公共艺术中，还可以通过多台水泵的组合变化调整来达到预定艺术效果。左下图为野口勇为1970年大阪世博会设计的喷泉雕塑。

《水的神殿》是日本"物派"艺术创始人关根伸夫于1991年创作并落成于东京都厅舍广场的一件水景公共艺术作品。作品初看上去类似立体的门的造型，但实际上，深谙日本传统艺术的关根伸夫运用了日本传统的"鸟居"造型。这是一种形似中国牌坊的建筑，位于通往神社的大道上，象征神域的入口。

《水的神殿》在形式上最鲜明的特征就是打破了传统景观与雕塑间泾渭分明的状况，而是将雕塑的手法运用于传统景观艺术的提升。比如黑色石柱上凸出的浅色花岗岩就令整件作品多了艺术的偶然性、随意性，同时产生了材质的鲜明对比。

延展阅读："物派"艺术家关根伸夫与他的环境艺术研究所

　　关根伸夫1942年出生于日本，油画专业出身，偶然进入雕塑界，在欧洲学习多年，于1973年回国，并与一群同道者开创以"自然本身即为最美"为美学诉求，高度重视"物"的本质的"物派"艺术。关根伸夫还创建环境艺术研究所，在大量公共艺术设计实践中贯彻自己"雕塑就是赋予环境以生气的工具""雕塑要像树木、街道、建筑一样，成为构成环境的一部分"等主张，留下了《云的雕塑》、《行走的石》、《昭和的海》、《友爱的碑》等优秀作品。

　　关根伸夫不赞赏为美术馆创作的行为，而是注重以雕塑构成空间，以空间烘托雕塑。他还长于用人工方法创造出大自然现象，并用粗糙石材象征自然，用精抛光的石材象征人力。日本传统造型艺术中的布石法和现代构成手法在他手中运用自如。右下图为《水的神殿》平面图。

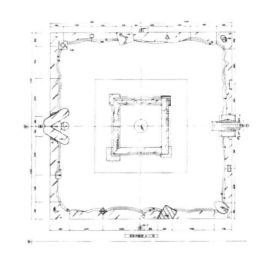

▼　沿此虚线以下贴入设计作品（A4成品）

《水的神殿》给人印象最深的莫过于四面黑色花岗岩石柱喷出的细密水幕，在中央白色圆椎形石柱上汇合的视觉效果。这些水柱的排列方式明显可以看到线构成的影响，符合重复、对比等形式美法则，赋予了作品经久不息的强烈动感，可谓是将水的流动特性发挥到极致的优秀公共艺术品。灯光照明的加入，使作品夜景比白天的视觉效果更为突出强烈（见左上图）。

事实上《水的神殿》可以找到自己的前身，那就是日本新车站南门广场的作品。只是那件作品是一个单体的门的造型，在水流的处理上也比《水的神殿》要简单一些，但基本的元素已经完全具备。这反映出关根伸夫在对传统与现代的关系，对形式语言中抽象与具象的关系、对动与静的把握，对自然与人工的比例等方面都有一以贯之的设计思路。

左下图为《水的神殿》无水时的形态。

Dynamic Public Art
能动型公共艺术——基于运动的设计   水到"趣"成

延展阅读：水景公共艺术的技术问题之三

《水的神殿》能够营造出赋予神秘感的水幕结构，射流平滑稳定的喷头功不可没，这反映出设计师选用的系列喷头具有较高的设计质量。另外还需根据实际情况选择潜水泵或离心泵的工作方式，选择在水下工作可靠且具有良好安全性的照明灯。右下图为立面设计图。

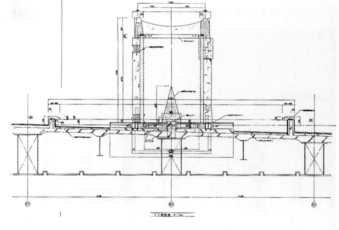

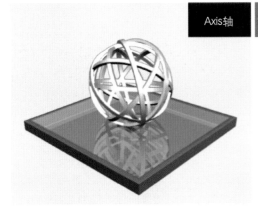
Axis轴

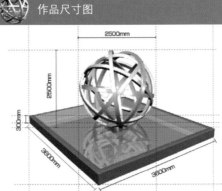
作品尺寸图

2500mm
2500mm
300mm
3500mm
3500mm

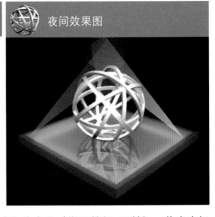
夜间效果图

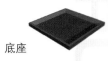
底座

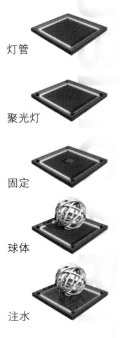
灯管

聚光灯

固定

球体

注水

这是由天津师范大学美术与设计学院艺术学生创作的水景公共艺术初步方案（指导教师 王鹤）。作者在极短的学时内，针对特定环境，以现有的技术条件为基础，设计了以环状结构为基本造型的水景公共艺术。

该公共艺术的形态与方形水池形成了适宜的尺度感，两者的方圆轮廓又形成鲜明对比。特别是与静态水体的结合，放大了作品的视觉尺度，赋予了作品形态上的多变感，属于巧妙利用水体特性进行设计的案例。

思考与行动

对于与水景结合的公共艺术设计来说，如何充分利用水的特性作为设计出发点十分重要。水在艺术中的特性包括流动性、指向性（即喷出后能在一定时间内保持原有方向）、重力性（即喷出的水柱会在地心引力作用下呈现天然的抛物线形）、遮蔽性（喷出的水流会掺杂气体从而遮蔽内部的管道、设施）。不论是技术设备的选择还是造型、材料的选择，都应紧紧围绕水的特性展开。

其次，虽然水景公共艺术设计中会有专业喷泉厂家的协助，但设计者自身仍需要掌握一定的技术知识。首先是材质问题，水景公共艺术的材质必须具有很好的防锈性能。再比如水质问题，日照充足的地区往往藻类滋生，因此在大型水景公共艺术中需要运用化学沉淀法与水过滤循环系统结合保持水质。另外中国北方冬季较长、部分地区缺水现象严重等都需要在构思中有所考虑。

▼ 沿此虚线以下贴入设计作品（A4成品）

3. 电到为止

在运动艺术领域，匈牙利艺术家尼古拉斯·舍弗（Nicolas Schoffor）是一位继承了其同胞拉兹洛·莫霍利·纳吉兴趣的先驱者。他原本也是一位借鉴蒙德里安形式创作普通金属构成雕塑的艺术家，但是他很早就表现出了对科技领域新进展的强烈兴趣，并从20世纪60年代就开始尝试将先进科技，如电子计算机、控制论、空间动力学等运用于他的构成雕塑中，带有一定的开创意义。

左上图与左中图是舍弗的一件代表作品，位于德国慕尼黑专利局门前。作品延续了他一贯的造型方式，即以垂直与水平方向的不锈钢框架为主体，点缀有大量不锈钢圆片或其他附属物。就形式而言，这只能算是一件平淡无奇的金属构成作品。但令其与众不同的是，整件作品可以由马达驱动，绕枢轴旋转。大量的不锈钢圆片也可以在风力或马达驱动下旋转。这件作品从整体到细节都体现着工业文明的美感。

右上图为日本箱根雕塑公园中的一件电动公共艺术品。作品的基本造型手法没有离开线构成的范畴，布局上也基本遵循着重复等形式美法则。但是作者为作品加上了能动元素，使四个金属圈转动起来，从而成功模仿出香烟点燃后袅袅升起的烟圈，富于幽默色彩。

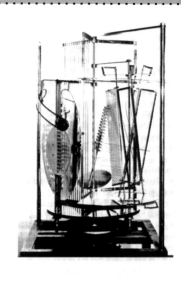

Dynamic Public Art
能动型公共艺术——基于运动的设计　"电"到为止

延展阅读：光与运动艺术的先驱——拉兹洛·莫霍利·纳吉

拉兹洛·莫霍利·纳吉（Laszlo Moholy Nagy）是20世纪早期著名的匈牙利艺术家，身兼抽象画家、摄影家、教育家、电影制作人等多职。纳吉受俄国构成主义影响较大，在抽象艺术和构成雕塑领域进行过很有意义的探索。

纳吉更为知名的职业经历是他在现代设计摇篮——德国包豪斯学院担任基础课和金属车间负责人的经历。他提倡根据社会需求设计产品，重视理性思维与加工工艺，对包豪斯设计基础教学体系的完善与领先居功至伟。移居美国后，纳吉还创建了新包豪斯学院（现伊利诺伊理工学院设计分院）。

纳吉也是机械化活动雕塑的开拓者。他的代表作品《光——空间调节器》（见右下图）不但具有先进合理的机械运动原理，而且注意到了光在限定与营造空间方面的重要作用。他在光、运动和空间方面的前沿探索深深影响了舍弗等人。

很少还有哪一种公共艺术能以这样看似荒谬的尺度和格格不入的颜色介入现代都市环境，也很少有哪种公共艺术能够在种情况下取得成功，并一步步与现代都市和谐共存，甚至成为现代都市的象征。这就是美国艺术家乔纳森·博罗夫斯基（Jonathan Borofsky）的《捶打者》。《捶打者》是一系列形态基本相同但尺度相去甚远的艺术品，1990—1991年落成于德国法兰克福国际会展中心的是其中尺度第二大的，但是因为落成于欧洲金融重镇和德国会展业发达城市而声名远扬。

就形式而言，《捶打者》谈不上复杂精妙，它基本是剪影式的，也就是基于二维造型逻辑创作的作品，作者似乎也没有精心整理黑色人像的边缘轮廓，而是让它保持一种类似剪纸和涂鸦似的粗糙感和手工感，从而营造出一种现实和梦境中动态的平衡。归根结底，《捶打者》最主要的艺术效果来自持锤手臂不断的捶打动作。

对雕塑艺术品来说，得到艺术家允许而有限次数地复制是可行的，罗丹的《思想者》就是一例。但是像《捶打者》这样

以同一形式落成于多座城市的情况却很罕见，除了法兰克福，还有美国达拉斯、洛杉矶、明尼阿波利斯、华盛顿特区等地以及欧洲的瑞士巴塞尔，韩国首都首尔则迎来了《捶打者》系列中尺度最大的一件，可见该系列作品的尺度是由环境决定的（见左下图）。

机械活动公共艺术需要大量维护工作，上图为一尊《捶打者》正在接受维护修理。

延展阅读：对《捶打者》主题的推测

《捶打者》反传统的形式、巨大的尺度以及持续不断的锤击动作都是公共艺术领域一种前所未有的视觉刺激与心理冲击。美国艺术评论家迈克尔·克莱因在美国《雕塑》杂志撰文指出："这个神秘的捶打者带来一种持续的暗示，他击打着寂静的节奏，并用每一次击打测量着时间。"

关于这个形象和这种动作的意义众说纷纭，有人强调其沉重、压抑的主题，有人指出这是对欧洲的一种警醒，但更合理的推测是这一动作在表现劳动者。博罗夫斯基自己肯定了该作品表现劳动者的意图："我就是一个劳动者……我在让自己动起来。着手干点体力活的时候，总是感到很高兴。"如克莱因所言："无论是工作中的大众，还是工作中的博罗夫斯基，都似乎通过它而获得一种伫立的尊严。"

总而言之，正因为《捶打者》的意义在某种程度上含混不明，所以才能在更广泛的文化背景中得到更普遍的认同。

▼　沿此虚线以下贴入设计作品（A4成品）

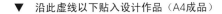

4.有光为证

光艺术是随着现代科技发展出现的新兴艺术形式，并吸引了越来越多的爱好者，阿纳森强调是因为光作品"表现当代工业美国的富于进取精神"。光艺术也逐渐从美术馆中走出，进入大量现代都市的地下空间并改变了夜晚都市的形态，从而成为公共艺术中重要的范畴之一。

斯蒂芬 Antonakos）是有代表性的灯光艺术家，他善于在地铁站顶棚、天花板等处以霓虹灯管为基本材料，充分运用平面构成原则，巧妙结合环境特征，精确控制色温等数值变化，从而制造出白天视觉效果和谐，夜晚艺术效果强烈的光效作品（见左上图、左中图）。

右中图为美国都市地下空间中的人形霓虹灯作品。作者充分利用霓虹灯管在高温下可改变形态的特性，塑造出简练而富于动感的形象，为原本封闭沉闷的环境增添了活力与欢快气氛。

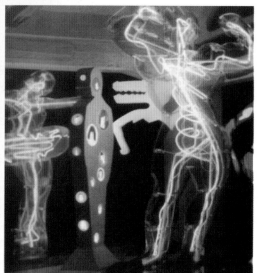

Dynamic Public Art
能动型公共艺术——基于运动的设计　　有光为证

罗伯特·劳森博格（Robert Rauschenberg）是美国波普艺术的先驱者，在他的创作生涯中先后涉足拼贴、丝网印刷、雕塑、装置甚至舞蹈演出，并较早用作品揭示出了再现与非再现间的区别。美国艺术评论家罗伯特·罗森布拉姆（Robert Rosenblum）指出："1960年以后所有想冲破绘画和雕塑的束缚，并相信美术可进入全部生活的美术家都受到劳森博格的恩惠。"在光艺术方面，他也取得很大成就，右下图就是他早期利用霓虹灯制作的自行车艺术作品，现在仍在作为地下停车场的入口标志使用。

《瞬间永恒》位于1992年巴塞罗那奥运会主赛场之一的圣·乔第体育馆馆前广场，作者是日本女雕塑家宫胁爱子。宫胁爱子根据广场环境设计了这样一件占地面积较大、基于重复形式原则的公共艺术品。白天从远处看，作品似乎是由一系列平淡无奇的柱子组成的，上面点缀着不起眼的不锈钢条。但是到了傍晚和夜间，从柱子顶端放射出的光芒仿佛点燃了不锈钢条，宛如焰火在夜幕中划出的美丽痕迹，发散出感动人心的力量。

虽然光效艺术分为多种形式，其中不乏利用高科技手段的作品，但宫胁爱子的作品无疑另辟蹊径，利用金属抛光表面对光的反射为主要表现手段。所有柱子顶端有一段不锈钢结构，从视觉上为水泥柱与不锈钢条间作了过渡，其中还藏有照明设备。一到晚间灯光开启，经过聚拢的灯光照射在轨迹多变的不锈钢条上，形成变化多样的视觉效果。最大限度发挥光本身的效果而非炫耀科技手段，这正是作者平实细腻设计观的体现。

延展阅读：宫胁爱子与矶崎新

　　生于1929年的日本女雕塑家宫胁爱子是日本著名建筑师矶崎新的夫人，夫妻两人在许多建筑、环境项目中都有默契的合作。矶崎新的著名作品——奈义町现代美术馆就是早期的成功案例。美国学者赴日考察公共艺术时就注意到："这座博物馆只有很小的展览空间，几乎不能安排展览。实际上，它主要依靠三件永久陈列的艺术品，一件为宫胁爱子所作……宫胁爱子的作品或许最接近禅宗园林的感悟性，位于部分露天的走廊。她的作品包括岩石花园、池塘和金属环结成的索子。随着光线与天气的变化，这些装置也会发生微妙的变化。"在小规模合作后，夫妻两人在1992年巴塞罗那奥运会场馆建设中的合作达到了前所未有的高度，在异国的土地上留下了带有东方色彩的杰作。

▼　沿此虚线以下贴入设计作品（A4成品）

5 景观型公共艺术 —— 基于环境的设计

内容与要求

要求

与传统雕塑相比，公共艺术作品对表达主题的要求相对较低，但是对与环境融合的要求很高，因此在世界范围内出现了大量针对特定环境设计的中小型公共艺术作品，日本艺术家井上武吉的《我的天空洞》系列就是其中的代表。在这一部分课题训练中，要求学生选择基地并作详尽的基地分析、交通流线分析，能够做到针对特定空间形态设计形式优美、尺度适当的公共艺术作品，并针对环境特征选择作品材质、工艺等，从而使作品与环境达到紧密融合的程度。

讲授内容

这一部分的讲授内容本着作品尺度由小到大、由简单到复杂，由与物理环境结合到与人文环境结合的顺序展开。

1.量体裁衣

这一组团讲授的是如何使公共艺术设计作品适应现有空间尺度和形态。

2.登高而招

这一组团的内容是如何将公共艺术作品与现有建筑结合起来，以使作品具有更好的视角和更多的受众。

3.就地取材

这一组团的内容是如何根据环境特征运用公共艺术的物质材料及相关工艺。

4.曲"镜"通幽

这一组团的标题曲"镜"通幽来自成语"曲径通幽"，主要内容是如何利用不锈钢，特别是不锈钢球体的反射特性映射周边环境景物，从而融入环境。

5.从天而降

这一组团的内容是如何利用空间形态，设置不基于传统底座，而是悬挂于山谷之间或建筑物顶棚之上的公共艺术作品。

6.必由之路

这一组团的内容是如何将公共艺术作品与交通流线结合，通过使作品底部通透以保证行人穿过，既节省了空间，又实现了公共艺术中很重要的一点——互动性。

7.不言自明

这一组团的内容是如何使作品与所在环境的人文属性结合。

8.造陆运动

这一组团主要介绍了以大地艺术为代表的大型景观型公共艺术作品，并为教学提供了几个尺度较小的类似案例，以供参考。

案例

1.红色立方体，我的天空洞93-3

2.史密斯作品、井上武吉作品，盖里作品

3.风景之门

4.法国王宫广场喷泉

5.水之星

6.井上武吉作品

7.宇宙空间，空相，面向未来

8.柯克兰德作品，庆典，吉尔斯作品

9.奇达利作品

10.火烈鸟，高速

11.红蜘蛛，四个拱穹，盟约

12.出自大地的地形，波门，倾斜之弧，条纹柱

13.挂钟，香水瓶，鱼形餐厅

14.山谷幕，被围的群岛

15.飞奔的围栏，包裹德国国会大厦，伞

16.洛克林作品，开放，春潮，大地的面庞3号

课前准备

1.温习"环境概论"课程的相关内容，对环境的各种类型有充分的了解。

2.观察周边环境，就3～5个适合设置公共艺术作品的环境写出调研报告，可以运用文字、数据、图表、草图、影像资料等多种形式。

课堂互动

就课前准备的环境调研报告在课堂上展开汇报交流，并确定其中最具有发展潜力的一个展开基于环境的公共艺术设计。

思考与行动

1.利用不锈钢材质的反射能力进行公共艺术创作需要注意哪些问题？

2.在现代建筑中悬吊公共艺术品需要注意哪些问题？

3.基于交通流线设计公共艺术品需要注意哪些问题？

延展阅读

1.井上武吉

2."建筑与艺术计划"第一人——考尔德

3.酷爱"包裹"的克里斯托

参考书目

《人体工学与艺术设计》/何灿群

《德国公共空间艺术新方向》/吴玛俐

1.量体裁衣

与传统雕塑相比，公共艺术具有更为鲜明的环境属性，甚至在很多情况下，环境决定了公共艺术作品的形态、尺度、色彩，可谓"量体裁衣"。最能鲜明体现这一特征的莫过于日裔美籍艺术家野口勇于1968年落成的《红色立方体》。作品位于纽约百老汇大街米兰海运大厦前，距著名的曼哈顿银行广场下沉式庭院咫尺之遥。

《红色立方体》没有引入野口勇惯用的水、光、电等能动科技要素，而是具有典型的构成雕塑特征。因为雕塑设置地毗邻华尔街，寸土寸金，高楼大厦比肩而立，广场不但狭小而且光照严重不足，所以野口勇采用与周边横平竖直的建筑有所统一的立方体为基本造型元素，倾斜之后具有三方面特殊效果：其一，倾斜后的角度

带有更多随机性与艺术性，与建筑环境统一中有对比；其二，倾斜后，作品尺度未变，但占据了更大的的心理空间；其三，增加的空洞进一步丰富了空间，与平面的面积比也很均衡。总体而言，《红色立方体》深刻反映了野口勇"将雕塑融入环境""创作空间的雕塑"的创作理念，为局促的广场带来了生机与活力。

右中图是日本著名公共艺术家井上武吉位于日本东京都港区手球坡的一件作品《我的天空洞93-3》。《我的天空洞》是井上武吉一系列作品的总称，多采用高度抛光的不锈钢材质，这件着色钢材质的作品属于特例。这件作品的有趣之处在于形态上没有与周边建筑环境寻求呼应，而是与当地特殊的下坡地形紧密联系，作品一侧的弧线与下坡的弧度几乎完全一致，从而使环境中充满相互联系、呼应的视觉要素，变得丰富、立体且富于艺术感。

Landscape Public Art
景观型公共艺术——基于环境的设计

量体裁衣

另一件具有"量体裁衣"特色的著名公共艺术品位于西班牙巴塞罗那旧市区国王广场中庭出口附近，作者是西班牙艺术家奇达利，前面介绍过他的作品《风之梳》。左下两图这件作品方方正正的形态、半封闭的造型逻辑甚至底板与立板的比例都与周边环境如出一辙，上部还有与教堂拱形窗呼应的拱形结构。由此可见，公共艺术品完全可以根据周边建筑环境的形态进行设计，不但具有装饰性，还具有"盘活"空间，赋予空间生气和灵魂的巨大作用。

2.登高而招

现代国际主义风格建筑以形式简洁和功能至上为特征，为了与这些几何感强、表面覆以大面积玻璃幕墙或清水混凝土的建筑相结合，现代公共艺术在位置选择上也渐渐寻求突破，不再固定于建筑前广场或中庭，而是不拘一格，甚至与建筑结构搭接在一起。右上图为托尼·史密斯在美国克利夫兰市中心设计的作品。该作品通体红色，与背景建筑的深色调形成鲜明对比。在形体上强调不同维度的微妙变化，也与横平竖直的建筑既统一又对立。最具特色的是史密斯将作品与建筑结构联结在一起，既节省了空间，也抬高了自身的视角，可谓"登高而招，臂非加长也，而见者远"。

左上图是井上武吉《我的天空洞》系列中尺度较大的一件，作者别出心裁地将作品斜倚在建筑廊柱上，挑向天空，在横平竖直的建筑环境中略带调皮地划出一道微微的弧线，为严肃有余、活力不足的广场带来了生机，极大地丰富了游人的视觉观感，提升了广场的人文内涵。同时，作品与建筑的"联姻"也提高了作品的高度，省去了强化基础所需的资金，显然作者与建筑师和规划师进行过周密的合作研究。

如果说上面两件作品由颇具严谨风格的艺术家完成，那么左下图中的作品就出自最具艺术气质的建筑师之手。弗兰克·盖里（Frank Gehry）为巴塞罗那奥运会设计的这件作品既是一个具有遮阳顶棚的建筑，又是一件具有金色鱼形态的杰出公共艺术品。作品灵感来自作者家庭文化中对鱼的深刻回忆，材质上选用了古铜色的不锈钢，并冲压出大量孔洞以丰富肌理，令人联想到鱼的美妙曲面，其有机感超出了建筑师尺规绘图的能力范畴，其规整性又超出了雕塑家凭手和经验的能力范畴，令人印象深刻。在20世纪90年代初，盖里较早地使用法国达索系统公司（Dassault System）为设计战斗机开发的计算机辅助设计软件CATIA，从而成功处理了这一巨大的具有雕塑感的曲面，堪为艺术与科技的完美结合。最后，这件本身就是建筑的作品由大量构件支撑，全高达到54m，极富视觉冲击力。

3.就地取材

位于日本千叶县北的茨城，以前沿科学和尖端制造业闻名，拥有著名的筑波未来城，因此这里也拥有大量具有一定前卫色彩的公共艺术作品。左上图位于茨城科学技术信息中心，作品呈现多角度的曲折变化，带有明显的模数化特征和科技感，在不同角度具有迥异的视觉观感，象征着人与自然、科学的融合。反光强烈的质感与黑色水磨石地面及周边玻璃幕墙形成很好的呼应。

右上图的作品位于茨城某啤酒厂，与左上图十分相像，都是不锈钢材质的门形结构，选材与背景中同样造型、选材前卫、甚至有几分科幻色彩的厂房十分协调。作品的造型逻辑是将喷出的啤酒概括为几何形体，表现出"人与企业和社会紧密联系"的主题。整件作品形象地反映出"就地取材"的公共艺术设计方式。

由上述两件作品可以总结出，"就地取材"是另一种基于环境设计公共艺术品的成功方式。它不一定意味着使用当地出产的材料，而是表示公共艺术品材质与环境的统一和对比。在大多数案例中，作者利用最符合环境统一风格的材料创作、设计作品，从而在与环境协调的情况下实现艺术效果最大化。

和上述两件作品中强调与硬质环境呼应的科技感"就地取材"方式相比，左下图中的奥地利公共艺术作品着重表现的就是与自然环境的契合。一组带有鲜明雕凿痕迹的花岗岩宽度相近，高度不一，错落有致，具有浑然天成的美感。实际上作者完全是在运用现代构成原理创作，作品形态忠实地体现着统一、渐变、对比、呼应等形式美法则。但其最引人注目之处，无疑是材质加工出的粗砺肌理与自然环境的高度统一。

基于环境选择材质的公共艺术设计方法不必完全拘泥于和环境的统一，还可以在一件作品中形成肌理对比，部分彰显自我，部分与环境契合。这种对比可以由不同材质实现，也可以用一种材质经由不同加工工艺产生。

右上图中的作品形态为常见的门形结构，上部用高度抛光的铜材表现出明显的人力加工过的痕迹，但作者在下部利用粗糙的石材或混凝土材质形成与地面的高度统一，从而成功融入环境。

右中图的作品是日本东京都世田谷区一公园的《风景之门》，形态上与右上图接近，上部用形态高度规整、表面处理平滑的不锈钢体作楣，体现着与自然环境的强烈对比。下部则由当地所产稻田石粗糙雕凿后为柱，从而实现与自然环境的紧密呼应。

由左上图所见，公共艺术作品肌理上的对比感主要存在于光滑与粗糙之间，体现着人工与自然的对比。这种有意强化的肌理对比是当代公共艺术作品能在实现自身艺术主张的同时，更好地与不同环境契合呼应的主要手段之一。

就地取材　　公共艺术创意设计

右下图展示了与上面三图完全相反的情况。在作品的上部，作者的主要意图显然是利用具有高度熔融特性的陶瓷材料表现出断裂、流动的独特视觉观感，下部则运用高度抛光的不锈钢材质与人行道、花坛等都市硬质环境形成呼应、契合。通过这种肌理对比方式，作者既伸张了自己的艺术主张，又使作品与都市环境融为一体，而毫无不协调之感，无疑是基于环境设计的公共艺术成功之作。

▼　沿此虚线以下贴入设计作品（A4成品）

4.曲"镜"通幽

传统造型艺术中的材料本身或多或少都具有表现力，如花岗岩的天然感或青铜的历史感等。但借助发达的材料冶炼与加工工艺，立体造型艺术的材料又具有了反射周边事物的神奇能力。

从20世纪80年代以来，在世界范围内兴起了一股依赖高度抛光的不锈钢和其他金属电镀工艺实现与环境紧密联系的公共艺术创作浪潮。又因作者多以球体为基本造型元素，因此可称为"曲镜通幽"。

左上图及右图就是1922年生于比利时的艺术家波尔·贝瑞（Pol Bury）最具代表性的作品——《法国王宫广场喷泉》。根据广场形态，两组喷泉隔开一定距离对称布置，下部为喷泉，上部则是置于青铜基座上的一组十余个不锈钢圆球，并根据高低、疏密不同错落布置，宛若带有有机体的特征，令人与珍珠、葡萄和泡沫联系起来。每个高度抛光的不锈钢球面都从自己的角度反射着天空和周边建筑。

除了利用不锈钢球面反射的表现力外，这组作品还具有能动公共艺术的全部特征。每个球体中部都被沟槽分为上下两半，上部可按照一定规律转动，从而强化了所映衬景物的变化，实现了作者的最终创作主题——意外性。这件作品为波尔·贝瑞赢得了1958年法国国家雕塑大奖。贝瑞本是油画家出身，后在考尔德影响下走上活动三维艺术创作之路，并以球体和立方体为主要造型元素。同时，贝瑞还涉足首饰设计，其中很多作品的形态与王宫广场这件作品颇为相似。

在古朴典雅的王宫广场中引入贝瑞等人的现代公共艺术品，是法国人在旧城改造中的大胆尝试。附近另一位艺术家丹尼尔·布朗（Daniel Buren）的条纹柱作品引起的争议最大最持久，不过法国人的"赌博"最终获得了成功，王宫广场改造也成为世界公共艺术建设中的经典案例。

思考与行动

基于交通流线设计的公共艺术品在公园、步行街等市政工程项目中需求广泛，如果能够借鉴世界著名公共艺术家的一些方法，熟练运用一些基本的形式法则，也可以设计出虽不具深厚文化内涵但极具观赏价值的小型作品。如左下图中的作品位于公园步行道上，设计者采用了最寻常的材料——花岗岩与不锈钢，运用了最简单的对比手法——直线与弧线的对比、平滑与粗糙的对比，符合最基本的形式美法则——不对称的均衡，具有最浅显的内涵——自然与人工的对比，也使作品实现了很好的装饰效果。

与用基座把公众分开的传统雕塑相比，介入交通流线的公共艺术品设计时需要了解人类趋近性等行为特征，甚至基于这种行为特征设计作品形态。另外，此类作品对工艺要求更高，比如焊口必须打磨平整以免对幼儿造成伤害，作品的基础也要更加牢固，以防路人对作品有意无意的破坏。

　　巴黎北部的拉维莱特花园是一座包
罗系列建筑及奥登伯格《被掩埋的自行
车》等大量公共艺术品的花园，其中最
醒目的一件作品可能要数建筑师阿德里
安·凡西尔贝（Adrien Fainsilber）的
《水之星》。从远处看，巨大的金属球
体反射着阳光和周边景物，具有极强的
科幻色彩和超现实意味。但实际上这是
一件带有实用功能的艺术品，内部可做
球幕全景电影院。

　　由于尺度太大，因此必须运用拼接
工艺，球体表面上三角形的拼接痕迹清
晰可见。这无疑对设计者与结构工程师
的球面几何学功底提出了挑战。

　　由于功能和尺度原因，《水之星》不能实现完整的球体，为此设计师
巧妙地将球体底部浸入水中，使观众的视知觉感受到球体的完整。同时，
高度抛光的不锈钢材质与水体结合，产生了灵动感和升腾感，视觉变化更
为丰富，更好地与周边高技派等建筑相协调以融入环境。不锈钢球体与水
体的结合经常能产生极佳的视觉效果，右下图即为日本广岛火车站前高桥
秀的作品。这位艺术家偏好两个并列的不锈钢形体，用在这里与水体和大
理石池壁结合非常融洽。

▼　沿此虚线以下贴入设计作品（A4成品）

在日本，利用不锈钢等材料反射特性进行创作的潮流几乎与欧美同步。日本著名美术史论家三木多闻在《日本现代雕塑之潮流》中将这一潮流归为活动艺术的一种，并强调其主旨是利用物理效应来探索作品与周围环境的关系。在日本，这一潮流的旗手当属井上武吉。

井上武吉的作品非常有特色，相当大一部分作品均命名为《我的天空洞》，只是后缀有作品落成的年份。这些作品形态多样，不都局限为球体，也不都运用不锈钢材质的反射能力。但普遍注意与建筑环境的有机结合，前面也出现过他的作品。但《我的天空洞》系列中最具代表性的还要数分布在日本东京、广岛等城市的球形作品。这些作品往往不设基座，尺度通常保持在2.2m左右。这是一个相对适中，既不会因过大而引起人恐惧不适，也不会因过小而被人忽视的尺度。精湛的加工工艺保证了球体对周边环境最大限度的反射与变形效果，作者还根据特定的创作意图在上面开了不同形状的空洞，打破了球体过于规整带来的无机感，变得更有生命力。

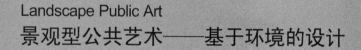

Landscape Public Art

景观型公共艺术——基于环境的设计 　　曲"镜"通幽

延展阅读：井上武吉

生于1930年的井上武吉毕业于著名的武藏野美术学院雕塑科。早年就在现代日本美术展中多次获优秀奖，表现出过人的艺术天赋。毕业后的井上武吉正值二战结束后日本美术界破旧立新的时代，各种新思潮被广泛引入、接纳。他与堀内正和、朝仓乡子等共38位青年雕塑家一同成立了"现代雕塑集团"，以不受风格、派别束缚为宗旨，对活跃日本战后雕塑界风气起到了很大的促进作用，可惜举办三次展览后解散。20世纪70年代，日本部分县、市、町实施用艺术点缀环境的计划，井上武吉等青年艺术家借这些地方通过购买、举办雕塑大赛等形式收集艺术品这一机遇，得以成为日本公共艺术的领军人物。

总体来看，运用不锈钢反射特性进行创作的日本公共艺术品数量较大。这有几个原因：首先，日本人有重视环境、亲近自然的传统，因此日本本土艺术家的公共艺术品普遍具有注重从形态和材质上与环境结合的特征。其次，这一方式往往适用于尺度有限的艺术品，而日本公共艺术品尺度普遍较小，这一方面是由于日本人口稠密、资源稀缺、空间狭小，但也与日本公共艺术计划注重收购艺术家现成的架上作品有关。换句话说，在日本，室外公共艺术的工程性不像中国大中城市雕塑那样明显，因此与艺术家的架上创作距离不是很遥远。最后，日本有发达的金属加工业，很多市、町的小型家族企业掌握着一两门精湛的加工工艺，保证了日本艺术家的构想得到彻底实现。主要以材料肌理特性进行创作的日本女艺术家多田美波特别强调，很多艺术品离开日本，离开这些小型加工厂是无法制作出来的。

右上图是日本艺术家丰田丰位于日本北海道天监郡丰富町自然公园的《宇宙空间》。作者充分运用高度抛光的不锈钢凹面与周边环境融合，反映了高超的加工工艺。

右中图是关根伸夫位于箱根雕塑公园的作品《空相》。高度抛光的不锈钢象征人力与文明，未经雕琢的巨石象征自然，两者形成强烈对比。

思考与行动

利用不锈钢材质的反射能力进行公共艺术创作，首先需要作者对材料的加工工艺有更好的把握，因为这是作品能否实现预期艺术效果的关键；其次要对周边环境有更深的了解，因为这类作品通过反射融入周边环境，周边环境的主要色调、交通流线等都对作品有很大影响；最后，作者要根据工艺和环境来确定作品的尺度，因为不锈钢成型或电镀工艺都对尺度有限制，在这种情况下，适当选择相同形体的并列或叠加是必然的选择。如右下图高桥秀于1988年落成于日本东京都的作品《面向未来》，作者就是根据狭长的建筑前空间环境，选择了两个并列的水滴型不锈钢反射体。

▼　沿此虚线以下贴入设计作品（A4成品）

5.从天而降

由于观念与材料、工艺所限，传统雕塑与建筑环境的联结关系往往是比较单一的，雕塑附着于建筑内外墙就是比较普遍的形式。但是在现代公共艺术中，由于观念的突破和材料、工艺的突飞猛进，公共艺术品的设置也得到了解放。艺术家不再拘泥于占据建筑物内部空间或内外墙，而是开创了一种悬挂于建筑物顶棚这样全新的公共艺术设置方式。在观众看来，这样的公共艺术品宛如"从天而降"，具有别样的新鲜感与视觉冲击力。

左上图是拉里·柯克兰德为美国加利福尼亚科学中心大厅设计的作品，作者以1600个玻璃球体为基本元素，以与地面的花岗岩DNA切片图案相对应。在具体手法上作者运用了重复、渐变等形式美法则，表现出富于秩序的美感，作品的位置也赋予其轻盈感。

右下图为乔治·卡斯塔诺等艺术家创作的《庆典》，作者运用质量较轻的带状金属，运用面构成的基本构成方法，产生疏密得当、统一又有对比的视觉效果，与建筑金属顶棚缠绕在一起，别有趣味。

Landscape Public Art

景观型公共艺术——基于环境的设计 ┊ 从天而降

思考与行动

在现代建筑中悬吊公共艺术品往往需要选用较轻的材料，如铝合金等，并与建筑的金属梁、柱形成物理连接。因为这些作品一般居于离地较高的位置，下部人流密集，所以特别需要注意安全性，注意材料本身和连接节点所能承受的最大拉力。由于作品往往要长时间悬吊，而且其位置又难于维护，因此材料在长时间承受拉力后的疲劳变形程度也需要引起重视。左下图即为德国慕尼黑机场候机大厅中瓦尔特·吉尔斯（Walter Giers）的作品。作者运用管状结构为基本元素，利用线构成的基本原理进行创作，很好地控制了总体重量，便于确定最佳承力点，并形成了张拉结合、紧张与放松适度的艺术效果。

前页的几件作品具有垂直悬吊于人工建筑物顶梁上的共同点，其结果是自重必须较轻，艺术语言受限，造成表现形式相对单一。在这一点上，西班牙奇才奇达利在巴塞罗那正北方库莱芜艾塔·德鲁·考鲁公园的大胆尝试就显得特立独行。这件作品充分利用该公园群山环绕水体的独特环境，利用高强度钢索，借鉴现代桥梁设计中的张拉索受力方式，使带有奇达利标志的巨大混凝土体块悬挂在水池之上，带给观众非比寻常的强大视觉冲击力。左上图为全景图，右上图为局部图，右下图为公园平面图（最上方黑圈中间为奇达利作品所在地）。

对奇达利来说，采用这种张拉悬挂方式不是对环境的被动适应，而是充分利用环境发挥自己风格最大表现力的一种创举。众所周知，这种既有无机体的规整、精准，又有有机体随意舒展特征的结构，是奇达利的标志性艺术语言，尤以其家乡的《风之梳》最为著名。但因为这一结构体的主要分支都向一个方向展开，因此其根部形态必然受限，并不适合全方位观看，这也是《风之梳》中这些结构体都固定于峭壁之上的原因。但是在考鲁公园的这件作品虽然运用了相近的元素，由于采用了悬吊形式，将最具表现力的部分展现出来，而将最不适宜观看的部分留给天空，从而使作品获得了几近完美的艺术效果。由此可见，特殊环境有可能成为对作品的制约，但也有可能转危为机，提升作品的艺术效果。

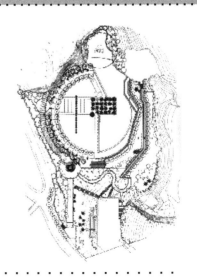

▼　沿此虚线以下贴入设计作品（A4成品）

6.必由之路

在传统观念中，雕塑往往具有完整的三维体积，甚至带有一定程度的自我封闭性，只适合观众从一个适当的距离欣赏，艺术家可以用基座、水池及其他办法实现这一最佳观赏距离。但是人文观念及都市环境的改变，呼唤着更贴近民众生活的公共空间艺术。作为活动雕塑的创始者，亚历山大·考尔德以自己的另一个著名系列——"固定雕塑"，成为二战后美国这片土地上最先顺应这一形势的人。

考尔德的固定雕塑无论形态如何变化，普遍具有一个鲜明特点，即与周边环境的交通流线交织在一起，甚至位于人们的必由之路上，从而将艺术品与公众的距离拉近到一个前所未有的程度。

1974年落成于芝加哥的《火烈鸟》（亦译为《红鹤》）是考尔德"固定雕塑"中最具代表性的一件作品。作品位于芝加哥联邦中心广场上，其造型明显体现出考尔德早年在欧洲受到的超现实主义影响，隐约显出高度抽象化的鸟类特征。就形式而言，考尔德沿用了他在活动雕塑中发展起来的有机形态，利用二维的钢板在三维空间中营造空间，塑造形态，大量支撑面的增加既稳固了结构，又丰富了视觉观感和光影变化。作品通体呈现鲜艳的红色，在沉闷的摩天大楼背景中格外醒目。在这座光照严重不足的广场上，人们穿行其间，无疑能够感受到视觉上的振奋和昂扬的气息。

延展阅读："建筑与艺术计划"第一人——考尔德

在本书第一章介绍过由美国联邦总务管理局（GSA）和美国国家艺术基金会（NEA）于20世纪70年代联手，在所有联邦建筑项目中推进艺术建设的"Art in Architecture Program"（建筑艺术计划）。美国能在20世纪后半叶引领世界公共艺术发展，这项计划居功至伟，与考尔德的合作正是这项伟大事业的第一块基石。1969年，当GSA在密歇根州的大急流城建设联邦建筑时，他们与NEA合作向考尔德订购作品，考尔德的这件作品没有传统意义上的底座，巨大的块面相互穿插、交错，人可以在作品下自由穿行，已经具有考尔德固定雕塑的大部分特征，只是少有锐角和突起，显得更为柔和。该作品的中译名一度为《风帆》，但其原名是法文《La Grande Vitesse》，直译应为《高速》。由于作品观念、造型前卫，落成之初遭到当地政府反对及舆论争议，但最后该作不但更为著名，而且还提高了所在地知名度。

左上两图为考尔德在法国巴黎拉德芳斯（La Defense）商业区落成的作品《红蜘蛛》（The Red Spider）。沿袭了考尔德在表现生物主题时的超现实主义风格，作品形态同样考虑了观众穿行其间时的最佳视角与安全性、便利性等问题。

右上两图为考尔德1974年落成于洛杉矶太平洋保险公司广场的作品《四个拱弯》，这也是他为数不多以几何形为表现对象的作品，构件相对纤巧，更加追求空间形态的细腻变化。考尔德作品的独特造型使其可以落成于这样狭小的广场而不显拥挤，更不会阻碍人流和视线。

另一位与考尔德齐名的美国构成风格艺术家利伯曼，也不乏这种具有互动性、环境友好性并与交通流线交织的作品，最具代表性的就是宾夕法尼亚大学校园中的《盟约》。利伯曼在这里对他惯用的斜切管材进行了简化，改以只有少量切面的红色圆柱为基本造型元素。五根长度不一的粗大圆柱相互倚靠、穿插，不完全对称但高度均衡，形成一种坚实、稳重、有力的视觉观感。这样一座13.7m高的大尺度作品，选择了横跨大学宿舍区的交通主轴线——洛克斯步道，来来往往的学子从这样一座颇具威严气势的作品下穿过，不难体会到《盟约》这个名字所包含的深刻蕴意。

▼ 沿此虚线以下贴入设计作品（A4成品）

日本的公共艺术家也十分重视与交通流线的关系，他们的作品普遍汲取了一定的西方构成元素精华，但更多受到日本传统造园艺术的影响，注重选择适应环境的材料，追求静与雅的意境。左上图为冈本敦生与西雅秋在广岛市京桥川左岸河岸绿地创作的作品《出自大地的地形》。作品选用了圆柱体为基本造型元素，材料的肌理与色泽追求与周边自然环境协调，与环境的结合方式颇似本书第一章介绍过的"笔断意连"，仿佛在地面与地下来回穿插，在小径上刚好形成拱门形状供人穿过，加之几块景观石的帮衬，较好地提升了所在绿地的艺术品位。

左中图1是东京都府中市悬铃公园内田中信太郎的作品《波门》。作品形如其名，横跨公园交通主轴线之上，布局规整、严谨。为了打破这种过于规整的感觉，作者又特意选择了不对称的构图，柱、楣的形态、肌理与色泽完全不同，视觉效果新奇，兼具构成雕塑与造园艺术韵味于一身。

考尔德和利伯曼的作品在与公众互动，介入交通流线时没有考虑太多的学术意义，但取得了巨大成功，这与他们对人的充分尊重及对人运动规律的深刻洞察分不开。与之相对，部分极少主义者则在这一点上引起了巨大争议。1981年，理查德·塞拉（Richard Serra）在"建筑艺术计划"资助下创作的《倾斜之弧》在纽约曼哈顿联邦大厦广场落成（见左中图2）。作品继承了极少主义者一贯的风格，一片高约4m，长约40m的巨大钢板呈弧线嵌入广场地面，如一面隔离墙一样将广场分割开来。塞拉的意图是用作品遮住两方面的视线，并横跨全部空间，而这一空间将被领会为雕塑的功能。这也贯彻了极少主义者始终如一的观念，即观众的感受和能动参与成为艺术作品不可剥离的一部分。但是这种在美术馆内行之有效的方式在公众场所中却引发巨大不便。1300余名大厦员工联名抗议这件作品阻碍他们的视线和行动，又经过1985年的听证会和其后的法律程序，最终于1989年拆除。这一事件涉及法律、观念、权利等多重因素，引发的争议至今尚未消除。

Landscape Public Art
景观型公共艺术——基于环境的设计　　必由之路

对于《倾斜之弧》的境遇，部分艺术评论人士认为这是艺术的纯粹与公众的品位间鸿沟加深的象征，也是公共艺术从高雅走向媚俗路线的分水岭。但更多的观点认为，《倾斜之弧》是极少主义者以精英自诩，生硬介入公共环境的典型案例，极少主义在世界艺术舞台的渐渐淡出证明了大多数人的选择。公众与艺术家的争论从未停止过，虽然《倾斜之弧》不像当年同样被拒绝的《巴尔扎克》那样得到最终认可，但仅就其作为一件艺术品是否应该遭到落成8年即被拆除的对待，问题则不那么简单。因为在公众习以为常的公共空间中突然出现当代艺术品，遭到公众质疑甚至激烈反对都是可能的。

1986年丹尼尔·布伦（Daniel Buren）在巴黎王宫广场改造中，引入其标志型元素——条纹柱，以与广场柱廊呼应，同时高低错落颇具现代美感。但作品落成即遭公众抗议，但经过10余年磨合渐渐得到公众认可（见左下图）。因此，《倾斜之弧》事件后，美国国家艺术基金会拟定了"公众艺术品复审细则"，规定作品必须落成10年后才能考虑拆除或迁移，确立了今后处理此类争议的有效机制。

7.不言自明

除了根据周边环境有形的形象选取材料和设计形态外，公共艺术还具有根据周边环境功能属性设计形态的特性。在这种情况下，艺术品周边环境或附属建筑的功能往往能使人一目了然，具有不言自明的神奇魅力。右上图就是位于法国尼斯科拉斯小镇香水城的一件用大量古典香水瓶拼接起来的公共艺术品，令游客对这一地区的主要物产、特色一望即明，胜过任何文字宣传和平面Logo。由于资料所限，不能确定作者。但从这种集合手法的运用以及支撑结构的形态来看，都与阿尔曼的《雷莫船长》十分相近，所以这很可能是他的作品。（华梅 摄影）

左上图是巴黎圣弗萨尔火车站的著名一景，是生于法国后加入美国国籍的集合艺术家费尔南德兹·阿尔曼（Fernandez Arman）创作的挂钟雕塑。阿尔曼善于用各种形状和颜色相近的现成物品进行拼接组合，以实现为自己的"声明"作注解的艺术目的。法国著名艺术评论家皮埃尔·雷斯塔尼（Pierre Restanyd）曾指出他的作品"形而上来看待工业技术下的现成品，尊重组合中的内在逻辑，是表现了一种堆积的美，这种美类似于诗人那种'清单式'的排列。"虽然阿尔曼对这些材料的组合逻辑是简单的，但是这件挂钟雕塑位于火车站，无疑提醒着火车站的功能属性，特别是与另一侧的旅行包雕塑相对时更是如此。

除了现成品的集合运用，特定的生物形象能更有力地提示着建筑和所在地区的功能与人文内涵。右下图1就是盖里1987年为日本神户设计的鱼形餐厅，这位艺术气质的建筑师运用了写实的鲤鱼造型，成功建造出八层楼高的不规则形建筑，再清晰不过地昭示着餐厅的功能和神户的港口城市历史文化传统。当然这一设计也实现了盖里长久以来的表现鱼的情结。右下图2则是新西兰的一家购物中心，使用了绵羊形态作为建筑外立面，也是地域文化特色的有力彰显。

▼　沿此虚线以下贴入设计作品（A4成品）

8.造陆运动

造陆运动是一个地质学术语，主要指地壳在长时期内沿垂直方向做反复升降的运动，低平的陆地与海洋多由此形成。这一术语用来比喻公共艺术中的一个特殊门类——以改变自然面貌为标志的大地艺术显然十分恰当。左上图及右上图是美籍艺术家加瓦切夫·克里斯托（Javacheff Christo）1970至1972年的大地艺术作品《山谷幕》。300多米长的尼龙布，由钢索支撑在美国科罗拉多州的山谷间，形成了一道美妙的屏障，营造出壮观的视觉冲击力。"布"在此时有了极强的象征意义，它以一种柔和且事后不留痕迹的方式担负起了改造"第一自然"的作用，并通过这种方式传达了作者的艺术观。由于作品在自然中进行，克里斯托向美国政府递交了数百页的可行性报告，环境作用、经济成本、交通环境甚至于生物学因素都包含在内，并成功通过了政府的听证会，这种学科交叉和高科技含量也是现代公共艺术的显著特征。

克里斯托1980至1983年的作品《被围的群岛》是其包裹面积最大的作品之一。这件作品用粉红色的聚丙烯织物将佛罗里达大迈阿密的比斯坎湾的几处岛礁完全包裹起来，总面积高达650万平方英尺，视觉效果令人称奇。

Landscape Public Art
景观型公共艺术——基于环境的设计　造陆运动

延展阅读：酷爱"包裹"的克里斯托

出生于保加利亚的克里斯托从早年移居巴黎起就表现出了将物体用某种材料加以包裹的兴趣和才能，他认为这样可以最大程度表现整体性和形体感。很显然，表达整体感是历史上无数艺术家的共同目标，但克里斯托选择了不同的表现道路。他积极运用现代化的材料和工具，对整个工程做出详尽规划，其内容从环境的影响、成本到交通无所不包，缜密而庞大，这和以前艺术家单枪匹马，凭艺术的直觉与激情创作迥然不同。左下图即为他的早期作品——1969年包裹澳大利亚的石礁海岸。

克里斯托继《山谷幕》之后的另一件作品——1972—1976年间的《飞奔的围栏》，这件作品长度超过40km，横跨加利福尼亚州的两个县，相比《山谷幕》中桔黄色尼龙布的张扬，这里的奶白色尼龙布显得内敛许多。为了让两个县的农民允许自己在他们的地里打桩，克里斯托夫妇施展了堪比政治家的说服能力。

克里斯托夫妇最知名的作品当属1995年的《包裹德国国会大厦》（见左上图）。由于德国国会大厦在德国历史上的高度政治敏感性，克里斯托耗费了二

十余年时间游说德国行政、立法、城市规划等部门的支持。在克服了激烈反对和烦琐法律手续后，1995年6月17日工程开始，巨幅的银色聚丙烯塑料布被15600根蓝色

尼龙绳捆扎，产生出一种朦胧、壮观的奇幻美感。作品还创造了巨大的社会和经济效益，《包裹德国国会大厦》以仅仅两周的存在验证了艺术的巨大力量，这也反映了克里斯托放弃艺术永久性的初衷。

克里斯托认为作品的构思、公众对于安装过程的极度关注，甚至于批判的态度，还有大众对活动的随机参与、新闻的轰动效应及至最后的拆除都是艺术过程的一部分，这种行为性可以说已带有后现代艺术的色彩。克里斯托的作品通常只追求这种存在的事实性而非事实本身。在完成《包裹德国国会大厦》后，数百吨银色聚丙烯塑料布没有出售，而是重新作为许多降落伞的材料，使得收藏者的愿望落空，这也彻底实现了作品的非永久性。另一方面，这种非永久性也具有环境保护上的重大意义，他的作品最后全部以拆毁，不在自然界中留痕迹告终，这正是生态观念在公共艺术创作中的萌发。右下图为他20世纪80年代在日本和美国的作品《伞》。

▼　沿此虚线以下贴入设计作品（A4成品）

大地艺术作为特定历史背景下的艺术产物，规模宏大，并非在任何时间、地域都能复制成功。但大地艺术的部分理念和造型手法，却能在都市环境中的小型公共艺术创作中得到应用。

右上图是由女艺术家克里斯蒂娜·洛克林（Christine O`Loughlin）在法国拉德芳斯区创作的公共艺术作品，作品位于草坪中央，凸出地面不多，又处在米罗的名作《做扁桃花游戏的一对恋人》和考尔德的《红蜘蛛》之间，往往被人忽视。这件作品的造型手法是将草坪上的一个环形区域加以倾斜，使其类似一个失效的基准平台，以暗示当前世界的失衡状态，发人深省之余寓教于乐。

左上图是罗马尼亚雕塑家阿吉拉·亚力山度（Agira Alexandur）在韩国首尔奥林匹克雕塑公园中的作品《开放》。

左中图是比利时一座雕塑公园中的作品《春潮》，作者用钢材、泥土和草皮创作出地面如跷跷板般翻起的视觉效果，手法新奇，与自然环境也融合得恰到好处。

Landscape Public Art

景观型公共艺术——基于环境的设计 造陆运动

右下图是美国圣路易斯市劳梅埃（Laumeier）雕塑公园中的《大地的面庞3号》（The Face of Earth 3），作者是身兼雕塑家、设计师、诗人等多重身份的维托·阿康奇（Vito Acconci）。《大地的面庞》是一个形式相近的系列，这件3号作品则是其中表现负空间的一件。作者用泥土和人造草皮加工出类似于美国万圣节南瓜的笑容，这是英语世界中家喻户晓的视觉符号。作品低于地平面的形态平和内敛，不事张扬，却暗合了下沉式剧场的形式，仿佛向年轻人发出游玩的邀请。注重作品的互动性和幽默性，是维托·阿康奇的一贯特点，也是所有景观型公共艺术都应该具备的品质。

6 实用型公共艺术——基于人体工学的设计

要求与内容

要求

在设计中，将实用功能与造型结合在一起，或说赋予造型以特定功能，是公共艺术与传统雕塑最显著的区别之一。当然，公共艺术品在实现功能的同时，更要显现自身的形式美感与艺术独创性，这正是其与更注重功能的"城市家具"相区别之处。要求学生在这一环节学习如何在公共艺术作品之上增加休息、取水、照明、改造市政设施等多种功能，并掌握人体工程学、工业设计等相关学科的知识。

讲授内容

这一部分的讲授内容以数量最多、形式最广的提供休息功能的公共艺术作品为主展开，其后相继是改造市政设施、提供标识功能和游戏功能的内容：

1. "坐"出新裁

这一组团的标题——"坐"出新裁，来自成语"别出心裁"，介绍了大量形式优美、在适应环境之外还巧妙提供休息功能的公共艺术案例。

2. 改头换面

这一组团以两个著名案例为基础，讲授了利用公共艺术设计改造市政设施的内容。

3. 有模有样

这一组团主要讲授如何利用公共艺术作品提供标识功能的内容。

4. 乐在其中

这一组团主要讲授如何利用公共艺术作品提供游乐功能的内容。

5. 温故知新

这一组团是完全的教学环节，提供了部分学生带有功能的公共艺术设计作业，并为公共艺术功能扩展打开新的思路。

案例

课前准备

1. 同学之间展开人体尺度测量活动，采集人体各种休息姿势、活动范围的相关数据。

2. 搜集世界范围内提供合理功能的公共艺术作品案例。

课堂互动

就人体尺度测量结果进行课堂汇报，并依托采集的数据提出带有功能的公共艺术创意设计方案。

思考与行动

1. 公共艺术设计中的休息坐姿问题。

2. 如何利用公共艺术满足都市人的游戏需求？

3. 如何将公共艺术的游戏功能上升到精神层面？

延展阅读

1. 公共艺术作品的功能

2. 斯科特·伯顿

3. 人体工程学

4. 不同座凳形式对使用者行为的影响

5. 安东尼奥·高迪

6. 雷蒙德·莫雷蒂

7. 设施设计中的拟人或仿生

8. 让·杜布菲

参考书目

《室外环境设计》/周益民

《室外环境设计基础》/田云庆

1. "坐"出新裁

众所周知，具有功能性是当代公共艺术作品的标志之一。但是关于具有实际功用的公共艺术作品与经过艺术化处理的服务设施如何区分却少有人关注，以致两者在形态相近的情况下极易引起混淆。举例来说，左上图中的作品采用了光滑的不锈钢材质并塑造出优美的曲线，右上图中的作品则以朴拙的景观石围成圈状，看上去都很具有艺术性。但实际上两者的形式都是由不同座凳形式对使用者行为影响原则决定的，左图中的弧形是为了兼顾观景和交谈，坐在凸面适于观景，凹面适于谈；而右图中的圆圈布局则主要是为了实现观景，这与其设在商业区，使用者多为游客有关。所以两者都是标准的艺术化设施。

与上两图相比，左中图中乔治·休格曼位于美国布法罗市的作品就有显著不同。本书第二章介绍过休格曼作品在水平方向的扩展、对鲜艳色彩的熟练运用等鲜明特征。他的作品能在不同文化背景下的城市环境中取得巨大成功，有功能的成分在内。比如在左中图的作品中，作者通过空间的围合以及在适当的位置增加水平方向的片状结构，来满足公众休息和游乐的需要。但是作品变化丰富、不可复制的形式感还是体现了其艺术品的本色，这是只有通过艺术构思以及造型手段才能实现的效果，是真正体现公共艺术特征的杰作。

延展阅读：公共艺术品的功能

现代公共艺术为了适应公共空间的现实情况，更好地实现自身与公众的互动性，普遍加入较为基本的服务功能，如休息、游乐等，这就要求艺术家在创作过程中掌握人体工程学的相关知识。右下三图为本书前面介绍过的著名公共艺术品，右下图1为澳大利亚的《洪水》，两个o字母露出地面的部分高度控制在适合人休息；右下图2为托尼·史密斯的《迷失》，两个与地面平行的立方体，离地高度和长度特别适于年轻人躺卧阅读；右下图3为奥登博格的《裂开的袖扣》，边缘可供人休息，上部可供攀爬游戏。本章将着重论述休息、娱乐等公共艺术实现的主要功能，并兼标识和建筑物的改造功能。

德·圣法尔的作品已经带有一定的造型特征，与之相比，带有装饰性的造型作品在实现功能时就需要艺术家更大的投入。右上四图就是美国艺术家朱迪·肯斯利·麦克基（Judy Kensley McKie）最知名的系列作品之一《铜猫长凳》。朱迪是美国著名的"工作室家具运动"的代表人物，这一运动鼓励艺术家以工作室为基础投身家具设计，以与大批量生产的家具相区别，艺术家的创意与造型能力为这一行业的突破做出了巨大贡献。

朱迪的作品善于从非洲、美洲、亚洲的土著文化中汲取灵感和造型元素，在实现功能的同时成功营造出一种威严与嬉闹共存的艺术境界。朱迪的作品除了被收藏，很大一部分进入公共空间，并获得巨大成功。

左中图作品出自日本艺术家本田春行之手，作者以调色板、颜料袋等现成品为表现元素，旨在唤起游人对学画经历的回忆，与题目《绘画用品的纪念》契合。在具体形式上，作者运用了厚重的造型手法，对现成品形态根据表现需要进行了抽象、简化、变形等处理，使整件作品布局工整严谨，形式感强，主题明确，引人共鸣。

同时作者巧妙利用调色板和颜料袋的固有形态实现了供人休息的功能，出人意料，令本来相对严肃的主题变得轻松幽默，无疑是具有实用功能的公共艺术作品的经典案例。

实用型公共艺术——基于人体工程学的设计 "坐"出新裁

右中图的作品位于美国辛辛那提分子生物学研究中心，作者是以"公司之头"（见本书第七章）闻名的美国艺术家特里·阿伦（Terry Allen）。作者塑造了一片平躺在建筑物台阶前的巨大的树叶，形态逼真，纹理细腻。这种写实性作品其实并不新鲜，但作者利用作品顶部的平坦形态，供大学生们休息、野餐，作者对这种与人亲密无间的互动性的追求也可以从作品的命名《信仰》（Belief）上看出来。由此也可以看出，公共艺术对休息功能的实现并不只局限于休息坐姿、倚靠坐姿等几种，关键是要根据设想的功能很好地确定作品的尺度。

左下图是美国华盛顿巨人公园中的《苏醒》，作者是美国艺术家小强生（John Sward Johnsoy），这种类似本书第一章介绍过的"笔断意连"造型方法在很多具象雕塑上都得到运用，一方面具有出奇的效果，另一方面又能将作品的总尺度和造价控制在一个适当的范围。游人还是能在上面毫不费力地找到休息游乐之处。

▼ 沿此虚线以下贴入设计作品（A4成品）
· ·

由上页分析可以看出，是否具有艺术目的是公共艺术和艺术化设施的主要区分标准。公共艺术品的形式主要是为表现内容即主题而服务，实现部分功能往往出于对互动性的追求。而任何艺术化设施，其根本目的还是为了更好地实现功能。

供人乘坐休息是公共艺术最基本，也最易于实现的功能。如果艺术家要实现自己的艺术追求，又要实现这一功能，那么最简洁的形式元素就是椅子本身。右上图是台湾设计师杨柏林的作品。作者用极富造型感的形式语言使传统的景区座椅如同天上的云朵一般柔和、多变，无论从体量感、空间微妙变化还是从成功表现自然事物几个方面来看都功力不凡。经过巧妙艺术处理或构图安排的作品尽管具有椅子的形态，却不是椅子，就像毕加索的《公牛头》是一件艺术杰作而不是自行车座与车把一样。左上图是北京菖蒲河公园内的作品《对弈》，作者以中国传统的太师椅为基本造型元素，青铜铸造，两两相对，中间是富于雕琢感的大理石桌，令人马上想到是对弈者空留椅子在此。观者会心一笑之余自然上去坐坐，可谓"坐"出新裁。

在以椅子为造型手段的艺术家中，斯科特·伯顿是最具代表性的一位，中三图是他为美国纽约惠特尼美术馆分馆外部环境设计的各种沙发、石凳形态的艺术品，造型浑厚，肌理精致，在实现功能的同时具有极强的形式感。

"坐"出新裁

延展阅读：斯科特·伯顿

　　斯科特·伯顿（Scott Burton）出生于美国阿拉巴马州，获得纽约大学的美术学硕士学位后在著名的纽约现代艺术博物馆（Moma）工作，这使他得以结交爱德华·阿尔比等著名艺术评论家，并从20世纪60年代中期开始为《艺术新闻》（Artnews）撰稿，与维托·阿肯齐等人的合作也始于这一时期。从1970年开始，伯顿开始以各种家具的基本形态作为自己的造型元素，致力于打破传统美术与实用设计之间的疆界。这些体现风格派和包豪斯影响的家具造型雕塑得到艺术评论家的认可并长期在美术馆中展出，当展出结束时就把它们当作真正的家具使用。著名艺术历史学家罗伯特·罗森布鲁姆对他的评价最为准确："作为一个艺术家，伯顿是独一无二的，他那些极度简洁的作品摧毁了家具和雕塑之间、个人享乐与公众使用之间的界限，并从根本上改变了我们看待里特维尔德和布朗库西等20世纪大师的方式。"右下图1为Moma庭院中收藏的伯顿作品，右下图2为惠特尼美术馆中的伯顿作品。

▼　沿此虚线以下贴入设计作品（A4成品）

　　在使用现成的家具形态以实现休息功能之外，最简便的方式是运用基本的构成手法创作既具有形式美感又可供人休息的公共艺术品。如左上图中作品的造型逻辑明显来自几何学领域，一个正圆被分解为五个部分，外围四部分形态符合等量不等形的构成方法，由此造就了匀称的形式美感。外围与中间的方凳形式上有对比，且允许内圈的人互相交谈，又能允许外圈的人观景，艺术性与实用功能比例恰当。

　　右上图是一所医院公共空间的公共艺术品，作者首先选用了符合环境特征的黑白色为主色调，并以立方体为基本造型元素，因为白色物体视觉效果较轻而黑色物体较重，所以作者选用五个白立方体和两个黑色立方体以实现视觉上的平衡。立方体的高度按照最适于人乘坐休息的45cm确定，立方体之间的布局符合既有对比又有联系的构成法则。作者还在轴线上安排了平面构成的黑白色块形式作为立体作品的补充，进一步丰富了形式感。

　　在所有公共艺术中，完全的具象雕塑应该是最难实现功能的一种。但是，只要作者不用高的基座将作品与公众隔开，公众总会寻找到可供自己休息、娱乐的位置。右中图是德国法兰克福市中心环形公园内的一件喷泉雕塑作品，池水不深，游客可以方便地来到三尊躺卧女像边，寻找舒服的位置休息，十分惬意。

　　这组作品作于1963年，作者是生于1882年的德国老一辈雕塑家托尼·斯塔德勒（Toni Stadler），作品的设计出发点是法兰克福工商总会想要表达对美国援助欧洲的马歇尔计划的感激。作者首先用喷泉中水的吐纳来表达这种给予和获取的双重意义。斯塔德勒以这三位女神为题材是因为大文豪歌德在《浮士德》第二部分用这三位女神表达了获取、给予和感恩，再一次切合了主题，这部分诗句还被刻在雕塑旁的石板上。

　　虽然女像拉长的身躯似乎极方便游人休息，但有趣的是，这并非作者的本意，作为一位横跨19和20世纪的传统雕塑家，斯塔德勒一直在探索人体艺术在变形中的最大表现力，成功营造出一种朴拙、古典之美。游人在他的作品上找到栖身之所，只能证明艺术的公共性其实是公众赋予的。

Practical Public Art
实用型公共艺术——基于人体工程学的设计　　　　"坐"出新裁

延展阅读：人体工程学

　　人体工程学又称人机工学、工效学等，其主要研究对象是人、机械、家具及其工作环境之间的相互作用。作为一门边缘学科，人体工程学广泛采用了生理学、心理学、医学、人体测量学、系统工程学、管理学等学科的研究成果，具有综合性强、学科界限模糊等特点。

　　古代工程师很早就注意到了解人体尺度的重要性，达·芬奇根据古罗马建筑师的成果绘制的《维特鲁威人》素描就是一个重要象征。在人类开始大工业生产后还存在过一个经验人体工程学阶段。

　　真正的现代意义上的科学人体工程学，始自第二次世界大战后期。当时的武器设计师发现，只有使武器更好地适应士兵的操作习惯，才能提高战斗效率，但这不能再单单依靠工程学和材料学等知识，必须了解一切设备的操作者——人的习惯、能力、各部位的尺寸，因此在综合研究了生理学、心理学、医学、人体测量学、管理学等学科之后，人体工程学的第二个阶段——科学人体工程学应运而生。

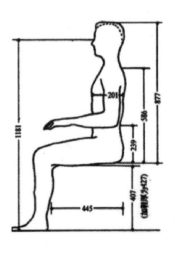

　　在一些形体比较简单的构成公共艺术中，作者通过形体局部的微妙调整、妥协，使部分形体结构有意无意地实现休息功能。应该说，这些艺术家只是巧妙利用了人类在寻找休息场所，保护自己避免阳光暴晒方面的本能或说生存智慧，在保证作品艺术性的同时实现了与公众的交流、互动。左上图为日本山口县宇部市常磐公园内的作品《无题95号》，作者是田中米吉。作品的出发点显然是巨大立方体悬空之后对人视知觉造成的刺激，因为人体视知觉和经验一般都倾向于看到重物稳定均衡地摆放。但是巨大方体形成的阴影多少有些意外，为公众提供了遮阳休息的场所。

　　右上图中的构成作品显然是在表现两个形体间的分离关系，最终追求的是两者间不对称的均衡。左中图1是一件典型的以钢板为基本造型元素的小型构成雕塑，游人不但能坐在基座上遮阳，作者对底部钢板的角度处理也使人能够舒服地倚靠。两者间的连接结构既满足形式要求又能供人休息。左中图2为本书前页介绍过的日本公共艺术品，左下图为西雅图美术馆中野口勇的《黑太阳》，两者都具有高度适中的基座。

思考与行动

　　人体坐姿分很多种，在公共艺术设计中涉及最多的自然是正常休息坐姿。家具设计要满足这一简单坐姿至少要控制座高、座宽、座面深、体腿夹角等多个数值。座高是座椅面至地面的垂直距离，这个距离一般相当于人胫骨点的高度，一般来说，中国的休息座椅在40cm左右比较适宜休息。座面深即座面的前后距离，一般相当于臀部到大腿的距离，约45cm。座宽则只要达到50cm就能保证一个人舒适并可自如调节坐姿。

　　由于目的不同，公共艺术作品提供的休息功能不必像单纯的座椅那样舒适，公众也不会做此苛求。但是按照人体工程学的基本原则，严谨确定与人有关的结构尺寸，尽可能保证最基本的休息需求得到满足，还体现了一种真正的艺术为公众、为人服务的精神。事实上，在公共艺术氛围比较浓厚的国家，即使是创作之初并未考虑提供休息功能的作品，一般也会利用基座满足这一需求。

前面两种公共艺术是在表达观念或追求形式的过程中附带实现休息功能的，但是在更多的作品中，艺术家可能会更为直接地实现这一功能，甚至不惜改变艺术形式为其服务。这些形式包括纯构成形式、基于二维的形式、装饰性和具象等四种。本着由浅入深的规律，这一页先从纯粹构成形式的作品入手。左上图是位于韩国LG山庄住宅区的一件公共艺术作品，作品形态很独特，如果认为只有上部两个弧形是作品，下部的长方体是基座，那么作品本身就太过简单，只是实现了普通的对称与变化效果。但是从长方体与弧形相同的色彩，以及长方体上刻意出现的沟槽可以看出，长方体不是基座而是作品的一部分，如此一来两侧的两个同材质的体块也属于作品本身，这两个体块既与作品形成呼应，丰富了形态，还巧妙地实现了分别供双人和单人休息的功能。

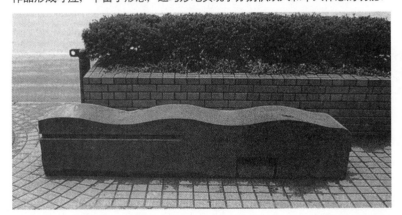

右上图是日本明石市第二神明道路旁子午线广场的一件不锈钢作品《宇宙婴儿》。作者充分利用了地形特点，经过高度抛光的大直径不锈钢管从花坛中伸出，盘结扭转，形成充满有机感和形体张力的造型。但与此同时作品的主要结构又与长椅相近，令人产生一种艺术作品和设施之间的认知错觉。这件作品可以供人休息，但很显然坐上去不会很舒服，能够让游人坐上去体验一下新奇感就达到了作者的目的。

Practical Public Art
实用型公共艺术——基于人体工程学的设计

"坐"出新裁

延展阅读：不同座凳形式对使用者行为的影响

　　按照人体工程学的一般原理，人在不同环境下休息时的需求是不同的。在商业区、景区可能观景为多，在住宅区、工作区可能交谈为多，这就要求选用不同形式的座椅以满足这一需求（见右下图，摘自《风景园林设计》）。

　　左中图是日本盛冈市站前商业街的一件带有座椅功能的作品，作品呈长方体形态，高度适于休息，长度也允许至少两个人同时休息，条凳形态也符合商业街游客边休息边观景的设计规范。但另一方面，这又可以看作是一件大理石雕塑，光滑的肌理、富于波动感的曲线，特别是在垂直与水平方向接近黄金分割点的切口与沟槽，都令作品极具造型感。

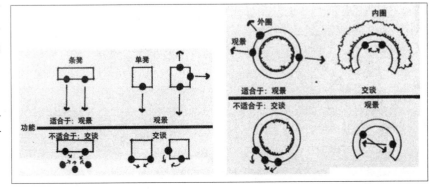

前面介绍过法国女艺术家尼基·德·圣法尔与开始的事业伙伴，后来的丈夫让·廷盖里合作的庞皮杜中心喷泉。对这位以创作色彩鲜艳、形体夸张的作品闻名的女艺术家来说这件位于日本东京都利川的作品，是其不多的永久性公共艺术作品之一。

利川市是东京的卫星城，公共艺术工程在建筑、规划项目之后即开始推进，从世界范围内选拔的一百余件作品中，就有德·圣法尔的这件《无题》（见右上、右中两图）。作品像游戏中的蛇，与蓝色的基座结合起来，形成浑圆的带有卡通效果的座椅，符合设置在街道的要求。

德·圣法尔在这种有机结构中实现功能的作品很容易让人与另一位西班牙奇才——安东尼奥·高迪联系起来，同样的色彩斑斓，同样的有机体形态，同样的想象力丰富，包括同样的休息与游戏功能。确实，德·圣法尔的艺术深受高迪影响，右下图为高迪标志性的雕塑感建筑。

"坐"出新裁

前面介绍过法国女艺术家尼基·德·圣法尔与开始的事业伙伴，后来的丈夫让·廷盖里合作的庞皮杜中心喷泉。对这位以创作色彩鲜艳、形体夸张的作品闻名的女艺术家来说这件位于日本东京都利川的作品，是其不多的永久性公共艺术作品之一。

利川市是东京的卫星城，公共艺术工程在建筑、规划项目之后即开始推进，从世界范围内选拔的一百余件作品中，就有德·圣法尔的这件《无题》（见右上、右中两图）。作品像游戏中的蛇，与蓝色的基座结合起来，形成浑圆的带有卡通效果的座椅，符合设置在街道的要求。

德·圣法尔在这种有机结构中实现功能的作品很容易让人与另一位西班牙奇才——安东尼奥·高迪联系起来，同样的色彩斑斓，同样的有机体形态，同样的想象力丰富，包括同样的休息与游戏功能。确实，德·圣法尔的艺术深受高迪影响，右下图为高迪标志性的雕塑感建筑。

"坐"出新裁

Page 102-103
公共艺术创意设计

延展阅读：安东尼奥·高迪

安东尼奥·高迪（Antonio Gaudi）是与毕加索、达利齐名的西班牙建筑奇才，他的作品以想象力丰富、风格华丽、大量运用陶瓷砖瓦和天然石料、多曲线而几乎没有直线等为显著特征。这固然受当时拉斯金的自然主义学说影响，但更多来自他灵魂深处的加泰罗尼亚民族意识。他设计的圣家族教堂1883年开工，至今还在建设中，并与他设计的奎尔公园、米拉之家被联合国教科文组织列为世界文化遗产。

事实上，高迪的灵感与处理手法少有人能学到，但是德·圣法尔在拜访过奎尔公园后被深深震动，并开始使用同样鲜艳的色彩、丰富的材料以及非凡想象力创作作品，包括模仿奎尔公园在罗马西北部建设塔罗公园等，这也是德·圣法尔的作品一眼看去就与高迪类似的原因。

2.改头换面

公共艺术不但能以艺术品的形式独立存在，也能通过改造其他市政设施实现自身价值，改造的目的是赋予这些功能性的、很多时候千篇一律的设施以幽默、活力和美。右上图与中两图就是德国法兰克福市内的著名公共艺术——由建筑师皮特·皮宁斯基（Peter Pininski）在1986年设计的博根海姆地铁站入口。这个地铁站是法兰克福市中心以西重要的中转站，在20世纪80年代中期的改造中，原本呆板守旧的入口被设计师大胆改造。改造后的入口仿佛一节车厢爆炸着冲出地面，周围是碎裂的地面砖石，让人在神经紧张之余又不免开心一笑，设计师的目的也就达到了。

在传统上被认为保守、严谨的德国，能够出现这样充满奇思妙想的小型建筑可能出人意料，不免让人想起超现实主义画家达利等人笔下荒诞不经的世界。事实上，皮宁斯基坦

言他的设计确实受到了比利时超现实主义画家勒内·玛格利特（Rena Magritte）的影响，后者被誉为"最清晰的超现实主义画家"。他笔下的作品通常真实地以日常场景为表现对象，通过细节和事件的巧合产生奇幻甚至恐怖的情景。皮宁斯基对玛格利特艺术的借鉴，产生了被列入世界十大奇特地铁站之一的博根海姆站入口，成为观光客们留影必到之地。

Practical Public Art
实用型公共艺术——基于人体工程学的设计　改头换面

任何一座城市的建筑、规划和室外环境总体上说是严谨的，大部分公共艺术不会破坏这种严谨，但是人们总会产生对个别打破传统的艺术品的需求。这是由人类社会的审美多样性产生的，通常由绘画等架上艺术形式来满足，只有在其特殊的情况下才会接受设计者通过对都市井井有条环境的破坏来实现艺术追求。左下图为法国巴黎另一件类似的作品，同样表现了地面迸裂的离奇效果，与建筑环境对比强烈。

在通过改造建筑、设施而产生的公共艺术作品中，1990年由雷蒙德·莫雷蒂为法国拉德芳区创作的这件通风管道改造作品最具代表性。作者充分利用原有建筑结构，只是用不同颜色、不同直径的玻璃纤维管包裹住高大呆板的通风管，却产生了神奇壮观的视觉观感。完工后的作品高达32m，所用玻璃纤维管多达672根。作者凭借自己多年绘画、设计工作积累的色彩学知识和构图经验，审慎安排不同颜色的统一、对比与变化，实现

了在每个视角都具有视觉美感，符合人的审美习惯，具有不同凡响的艺术效果。

更重要的是，这件作品创作于法国经济繁荣、政治自信的20世纪90年代初。作品昂扬的形体和直插天际的高度都宣扬着当时法国人的大国雄心，这一点与附近塞萨尔的《大拇指》是相通的。另一方面，作者用不同颜色向一个方向的伸展，预示着汇聚各民族、各种文化力量的内涵，表现了当时法国创建一个多民族、多文化的社会，将拉德芳斯新区建设成世界政治、经济文化中心的志向。

延展阅读：雷蒙德·莫雷蒂

雷蒙德·莫雷蒂（Raymond Moretti）是生于1931年的法国艺术家，年轻时与毕加索结下过深厚友谊。他一生中涉猎领域十分广阔，雕塑、壁画、书籍封面设计、海报、邮票、插图，甚至还为世界上最昂贵的手表品牌江诗丹顿设计了"Kallista"手表。同时他还以自己的犹太裔背景，积极开展法国和以色列的文化艺术交流，多年来始终活跃在法国艺术界的前沿。莫雷蒂最知名的作品当属拉德芳斯的这件作品，右下图为作品细节，粗细不等的玻璃纤维管清晰可见。

▼　沿此虚线以下贴入设计作品（A4成品）

3.有模有样

在现代都市的市政设施中，信息设施地位日渐重要，信息设施中又以提供各种环境信息的标识更为重要。都市环境中的标识如何通过文字、图示、记号等传递信息已经有一套完整的设计方法，在此不再赘述。这一部分仅涉及高度艺术化的标识设施。

标识设施设计通常更贴近工业设计范畴，设计出的设施通常要达到统一、多样、合理、协调、简明、安全等设计要求，只有经过深度艺术处理，才能加深人们的印象，提升所在环境的艺术品位。要做到这一点，简单的办法是通过在造型上拟人或仿生。如左上图中德国汉诺威市步行街上的标识牌。利用高度抽象的形式语言模仿人类形象，使人产生似曾相识的心理感受，提高注意度，这有助于标识上的信息被游人获取，同时也为繁忙紧张的街道带来难得的幽默感。

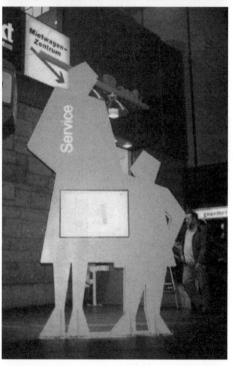

右上图是日本东京都稻城市南多摩儿童公园中的标识牌，利用简单的符号，如锥状的头部、尖耳朵、小眼睛模拟了老鼠的卡通形象。虽然手法稚拙甚至有些过于简单，但特别合乎儿童公园的主要游客——孩子们的审美情趣。更重要的一点是，通过开发类似的创意，环境设计师不一定需要具有造型经验的艺术家支持，就能够在设计中使用这一手法，有效增加设施的艺术含量，提升公共空间环境的人文内涵。

延展阅读：设施设计中的拟人或仿生

在设施设计中通过拟人或仿生来提升艺术含量的做法简单易行，右中图与左下图为德国火车站内的标识牌，虽然是剪影式的、高度概括并且没有任何细节，但人们还是能很容易就分辨是母子或夫妇的形象。这种仅突出几个关键点来拟人的设计手法有视知觉方面的理论依据。阿恩海姆在《艺术与视知觉》"形状"一章"捕捉事物的本质"一节中强调："从一件复杂的事物身上选择出的几个突出的标记或特征，能够唤起人们对这一复杂事物的回忆。事实上，这些突出的标志不仅足以使人把事物区别出来，而且能够传达一种生动的印象，使人觉得这就是那个真实事物的完整形象。"

公共艺术与信息标识设施的结合还有多种方式，如左上图的作品在前面章节引用过，名为《弯曲的立方体》。作者是生于1929年的艺术家威廉姆·克劳维罗（William Crovello），其基座上的文字"TIME LIFE"表示美国纽约著名的时代生活大厦，艺术作品与标识的结合十分融洽并得到普遍认可。右上图则是位于德国法兰克福的欧洲央行总部外的欧元雕塑。作品并未进行过多的艺术处理，只是以欧元符号加以三维化，产生了任何平面标识都难以达到的深刻视觉印象，并提升了所在环境的艺术氛围。

左中图是日本东进新宿区的建筑标识设施。设计师在整体形态处理上熟练运用立体构成手法，保证了形体间的统一与渐变美感，同时在顶部斜面和整体色彩处理上又运用了平面构成和色彩构成的相关知识，使设施产生了如构成雕塑般的体量感。

一些建筑场所因为功能特殊，对标识设施的艺术性自然也提出了更高要求。右下图是日本仓敷市大原美术馆的路标石。用天然石材刻字作为标牌是园林设计中常用的手法，但是这件美术馆的路标石选用了高质量的黑色花岗岩，雕凿成形状相近、尺度不等的两部分，表面高度抛光，下部凿出类似凿痕的麻点，以丰富肌理，并在光滑石材与地面草皮间形成过渡，这一系列处理使作品具有了优美的视觉观感和相当的艺术品位，显然超越了一般的路标石的表现范围，成为了一件不折不扣的艺术品，作为美术馆的标识自然再合适不过。

4.乐在其中

巴黎里昂火车站东面面向塞纳河一侧，从贝西尔体育馆到塞纳河都拆除了旧的工业建筑，并开辟为公园，吸引了世界范围内的艺术家来此创作。这些作品中最让游人特别是儿童感兴趣的当属艺术家杰拉德·辛格（Gerard Singer）的作品。与一般的公共艺术作品突出于地表，形成某种占据空间的体积不同，这件名为《原始景观》的作品宛如大峡谷一般深入地下，从远处几乎难以发现。在内部，作者用混凝土精心雕塑出一道道沟壑，又像熔岩冷却后的堆叠，营造了既富于自然感又带有人工痕迹的奇特视觉体验。

如果这件作品仅用于欣赏，也只能评价为新奇的创意与打破传统的造型手法。但是作者的目的显然是要为人们提供一个游乐的空间，孩子们可以在坡上爬上爬下，更可以在曲折的"峡谷"中捉迷藏，同时满足了儿童两种主要游戏形式——体力活动游戏、冒险性游戏的需求。作品还设计有喷水系统，可将"峡谷"变为湖泊，进一步增加了趣味。

Practical Public Art
实用型公共艺术——基于人体工程学的设计　乐在其中

游戏是人类的本能，也是人类生存的基本需求之一。虽然游戏不是儿童的专利，但儿童、青年人在任何时候都是游戏活动的主力军，通过游戏他们可以释放多余的能量、掌握知识技能、学习交友能力与团队精神，对健康成长有诸多裨益。虽然这一需求主要由专业人员设计的儿童娱乐设施加以满足，但是在寸土寸金的城市中，如何增加活动区域，如何保证寓教于乐，如何保证游戏的连续性与可变性，特别是如何保证不同年龄段人们的游戏需求，公共艺术在这一领域大有可为。最容易实现上述需求的，无疑是接近景观的公共艺术形式。

左下图为阿康奇位于劳梅埃雕塑公园中的另一件《大地的面庞》，提供的游乐空间虽然有限，但更能唤起不同年龄段公众的童心，社会效应波及范围更为广泛。

　　在公共艺术与游戏功能结合方面，巴塞罗那旧城区哥特区东部的北站公园就是一个成功的榜样。这一公园是雕塑家贝尔利·佩伯（Beverly Pepper）在建筑师、规划师的支持下设计完成的。作为一位艺术家，佩伯终其一生都在探索自然和宇宙的关系，这也反映在他的作品形态中。他利用整整两个街区的空间，成功地通过造景将"绿和水"这一主题抽象化，公园一边是"波浪"，又像是小山，一边是"漩涡"，但更像是下沉式广场，两者颜色相对，正负相对，体现出一种平衡感，从航拍照片看去颇为类似中国阴阳鱼图案。

　　"波浪"上通体覆盖着蓝色瓷砖，与天空相映有着微妙的层次变化，特别是在阳光下能产生迷人的视觉效果。更主要的是，这件艺术作品还提供了一种人工模仿自然事物的可能性，同时满足了孩子们对几种游戏形式——建筑游戏、冒险游戏、体力游戏的需求。瓷砖本身是安全的，小山的坡度也很缓，在安全性上有充分保障，充分体现了雕塑家与规划师、工程师的精诚合作。

　　前面介绍的带有游乐功能的公共艺术作品大多保持着艺术家原有的造型风格，对游乐功能所作的妥协是有限度的，基本只能满足儿童的冒险性游戏和戏水游戏这两种主要游戏需求。要想进一步实现儿童成长所需最基本的体力性游戏，公共艺术必须进一步与游戏设施结合。

　　在这方面最成功的作品当属位于巴塞罗那桑茨火车站附近的公共艺术作品——《黑龙》，作者是西班牙艺术家安德莱斯·内格尔（Aadres Nagel）。作者在这件作品创作过程中运用了剪影式创作手法，巨大的黑龙轮廓被简化得如儿童画一般，消解了恐惧感，反而显得憨态可掬。作者利用西方传说中的龙头、龙尾宽度较窄的特点，在两片按照龙的轮廓切割的钢板之间安排了楼梯，利用两翼宽度较大的特点设置了滑道，能满足相当数量的儿童同时游戏的需求，并且兼顾了体力性和冒险性游戏的需求。

▼　沿此虚线以下贴入设计作品（A4成品）

英国雕塑家亨利·摩尔（Henry Moore）是二战后享誉世界的雕塑家，开创了一种吸收原始艺术灵感，并以贝壳、骨骼等有机形态为基本造型元素的艺术形式，被称为"摩尔风格"。他始终围绕着有限的几个题材创作：母与子、坐着的人、斜倚的人等，特别是后者最为广泛。这种变形人体侧卧于平地，用臂肘支地，扬起头颅的特殊形式，深入探索了凸与凹、虚与实、体积与空洞之间的关系，营造出一种恒久、神秘、高贵、古朴、静谧的特殊气质，深深打动着来自不同性别、年龄与文化背景的欣赏者。

鉴于摩尔的世界声望，他有代表性的《斜倚像》的不同变体广泛出现在世界许多大城市的中心地段，一般是置于基座上并与公众分开的。但是在新加坡华联银行的这一尊则直接置于地面、留出人可以自由穿行的空洞，并根据人体尺度相应放大了作品，从而使路人可以在名作间穿行、游玩，可以看作是大师追赶世界潮流的创新之举。

具有休息功能的构成型公共艺术品为数众多，但是其游乐功能却很少得到开发，这在很大程度上是由于构成公共艺术更追求形体的完整性，所以尺度往往有限，难以像景观型公共艺术或杜布菲那样基于绘画的公共艺术一样可以扩展开来，也就无法提供太多游乐空间。但是也有一批构成风格的艺术家，充分利用环境因素，借鉴线构成的某些形式，将作品在水平方向扩展，从而提供了可供游乐的充分空间。

在都市环境中模仿自然景观只是公共艺术实现游乐功能的手段之一，许多从美术馆走入公共空间的老一辈艺术大师都在这一领域不断尝试，在保持自己风格的基础上走出了一条实现功能的新路。本书第二章介绍过毕加索赠送给芝加哥的大型作品。完工后的作品高达26m，下部出现了一个足够儿童滑滑梯的斜坡，正面的钢板还可为在上面躺卧休息的市民提供阴凉，作品的基座控制在40～45cm，正好供人休息。

很难说这是毕加索设想的，因为他当时只是应芝加哥市政府的邀请，捐出了自己一件早年的架上雕塑模型，尺度则交由策划者与建筑师掌握。可以认为这是市民充分发挥自己创造力的结果，也可以看作是大师一贯的童心体现。

前面介绍的具有游乐功能的公共艺术作品部分包含两类：偏于景观的和偏于造型的，这里将介绍第三类—带有游乐功能的构成型公共艺术作品。其中最具代表性的就是左图中乔治·休格曼位于美国阿尔巴尼州府大楼广场上的这件作品。

乔治·休格曼的作品在前已经多次介绍。这一次休格曼一改惯用的片状结构，利用横截面为矩形的钢结构弯折出多个相连的圆形。事实上这件作品的造型逻辑更像是将一个纸筒折叠剪裁后拉伸产生的奇特效果。作品的巨大长宽比提供了冒险性游戏所需的足够空间，穿行其间会有奇特的心理感受。从正面可以看出，作者创造的无数个圆环只有首尾两个是完整的，中间的圆都在底部留出了步行通道，充分保障了游人安全，可见独具匠心。

法国艺术家让·杜布菲（Jena Dubuffer）是20世纪后期的重要画家，也是成功从绘画领域进入三维空间艺术的代表人物之一。在大多数情况下，他那些用聚苯乙烯制作，并涂上丙烯颜料的作品，都在形式上呈现某种纪念碑特性，即向垂直方向占据空间，右下图1就是他具有典型性的作品。但是在荷兰靠近德国边境的阿纳姆小镇穆勒美术馆庭院里，杜布菲打破一贯风格，创作了一件类似游乐场的巨型作品，形式感与感染力不减，却为人们提供了休闲娱乐的空间（见左中图与右下图2）。

杜布菲是画家出身，其作品很少涉及复杂的人体工程学问题，但是在这件作品的细节中却能感受到杜布菲在这一领域的造诣。他为作为场地的艺术品设置了多变的起伏和曲折的路线，充分满足了人们的冒险性游戏需求。大部分起伏的高度适合乘坐休息，一些凸起还为人们提供了难得的阴凉。

延展阅读：让·杜布菲

让·杜布菲是20世纪特色最为鲜明的法国艺术家之一，他的画作带有鲜明的超现实主义风格，早年涉猎广泛，但在看到德国学者汉斯·普林茨霍恩（Hans Prinzhorn）一本《精神病患者的绘画》后受到触动。他认为这些画作具有难得的感性判断，在表达生命本原活力方面胜过博物馆里的任何画作，他因此把这种画风延续并发展开来，看上去类似精神病人的涂鸦，但是张扬着未经工业文明压抑的原始激情，在线条和色彩运用上也体现出难得的组织性和协调性。从20世纪60年代后期开始，他将自己的画作变为三维形式，并以较大的体量出现在大都市的街道、广场上，这种无规则、非理性的艺术形式填补了都市人精神生活的某种空白之处，因此在世界公共艺术领域占据一席之地。

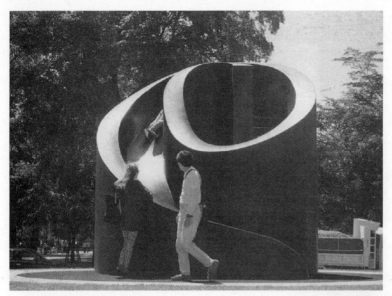

虽然巴塞罗那规模宏大的公共艺术实践享有很高的知名度，但实际上在艺术作品与游戏设施结合方面的先驱是前面多次介绍过的日裔美籍艺术大师野口勇。

早在20世纪30年代，野口勇就开始为纽约市设计儿童游乐场。其中包括塑造土地形态为雕塑，并使之兼有滑雪道、水滑梯功能，这可以看作是巴塞罗那"绿和水"的前身。虽然此后野口勇的工作重心逐渐转移到其他方面，但他在儿童游乐设施设计方面的一些前瞻性思想，深深影响了这一领域达半个世纪之久。

晚年的野口勇更多地投入到用花岗岩和玄武岩创作大型雕塑作品中去。同时日本北海道的札幌市也委托他担纲位于城市主轴线的大通公园的设计工作，可惜野口勇于1988年去世，使设计未能完成，真正留下的只有一件名为《黑色滑道曼特拉》的作品。这既是一件具有凝重造型感的雕塑，也是

一座功能完善的旋涡形滑梯，现在已经成为该公园知名度最高的景点（见左上图）。为儿童服务的意愿以及对形式张力的探索，这两种贯穿野口勇一生的追求终于在这件作品上合二为一。

当然，设施设计还要考虑不同年龄段的儿童特性，过于年幼的儿童可能不适合滑梯等游戏设施，为他们服务的游戏设施需要尺度更小、没有活动部件，形式上带有动物特征以激发他们的联想。位于东京都稻城市南多摩儿童公园的这个游戏墙就直观体现了上述特征，半围合的墙体提供了幼儿捉迷藏的道具，墙体上开洞满足了他们的冒险需求，设施本身的设计"随形就势"，带有卡通蛇的特征。更巧妙的是，作者利用一棵树周边的空间安排作品，可谓见缝插针。

Practical Public Art
实用型公共艺术——基于人体工程学的设计 乐在其中

除了不同年龄段的儿童和年轻人，中老年人的游戏需求与特征也需要加以考虑，近年来将棋类游戏放大置于公共空间的设计手法十分流行。这一手法以人们司空见惯的现成品为造型手段，以互动性为主要追求，能够为不同年龄段，特别是中年以上的游人带来乐趣。左下图为新西兰克莱斯特彻奇市街道上的国际象棋公共艺术，吸引了很多市民。（华梅 摄影）

国内也屡有以中国象棋为主要表现元素的此类公共艺术作品。

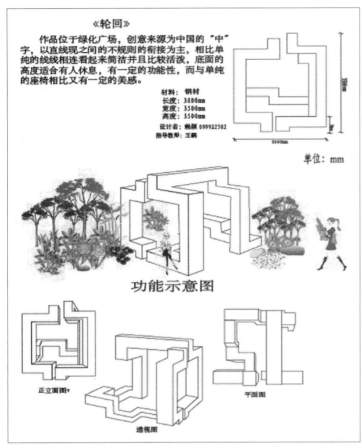

《轮回》

作品位于绿化广场，创意来源为中国的"中"字，以直线现之间的不规则的衔接为主，相比单纯的线线相连看起来简洁并且比较活泼，底面的高度适合有人休息，有一定的功能性，而与单纯的座椅相比又有一定的美感。

材料：钢材
长度：3000mm
宽度：3500mm
高度：3500mm
设计者：姚颗 099922582
指导教师：王鹤

单位：mm

功能示意图

正立面图▽   透视图   平面图

作者出发点是基于构成知识，以横截面积基本相当的立方体为基本元素，综合运用黄金分割、统一、对比等形式美法则，组构一个各角度均合乎视觉审美的立体造型。作品选用了中性色——白色为基本色调，适于公园中常见的硬质地面铺装环境。作品形态完整，重心均衡，接地面积较大，铁框架外敷不锈钢蒙皮的冷锻造工艺可行。作者基于座高、座宽、座面深的基本数据设计作品细部形态，提供了可供人乘坐休息、倚靠、半躺等多种休息模式。最后还将光的能动因素融入作品中，自清晨或傍晚阳光射入角较大时，作品投影会显现汉字"中"字，当然这要求作品严格按照东西向布置。

5.温故知新

经过构成型公共艺术设计训练和实用型公共艺术设计训练后的设计专业学生，即使没有深厚的造型基础，也能够相对自如地运用相关知识和技法，设计出合乎形式美法则、符合人机工学基本原理、创意新颖、对环境因素考虑得当的公共艺术作品。左图即为南开大学滨海学院艺术设计专业学生的作品《轮回》（指导教师：王鹤）。设计时间为两周，设计任务要求为占地不超过30m²，工艺上可行，形式美观，功能实现过程中要注意安全性。

作业设计时间较短，只进展到概念设计的深化阶段，但是作者的独到创意和设计思维已经展现出来。

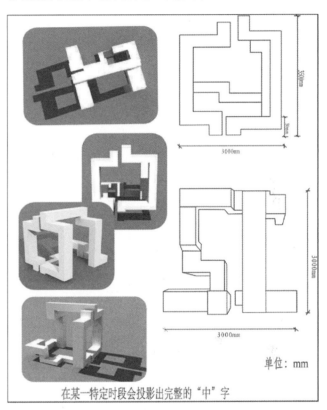

3000mm

3000mm

单位：mm

在某一特定时段会投影出完整的"中"字

思考与行动

创意本身没有止境，公共艺术对游乐功能的提供不应只局限在与人身体互动的层面。右下图是美国明尼阿波利斯市沃尔克（Walker，漫步者）艺术中心由布劳尔（Brower Hatcher）完成的作品《星象仪》。作者运用六根立柱围合起一个简单的空间，并用密集的金属网格制造出苍穹效果，双层网格间夹有每个人孩提时都耳熟能详的东西——桌椅、玩具、宠物，等等，仿佛这些有象征意义的事物都在银河中旋转，唤起年轻人甚至是中年人的深刻回忆。这种通过巧妙创意将游戏功能上升到精神层面的公共艺术作品，也许正是今后发展的方向。

▼ 沿此虚线以下贴入设计作品（A4成品）
· ·

7 幽默型公共艺术——基于情感表达的设计

要求与内容

要求

幽默是欧美公共艺术作品整体上给人留下的最深刻印象之一，通过尺度上的反差（如奥登伯格）、形体上的夸张（如波特罗）及对传统形式逻辑的逆转等多种手段，艺术家能够利用幽默化解快节奏都市生活带给公共空间的紧张。上述几种在公共艺术品中实现幽默的主要方式，都是在我们的学习中可以广泛借鉴采纳的，尤其应该鼓励学生从现实生活中汲取幽默元素并加以表现。

讲授内容

本着由浅入深的原则，这一部分的讲授内容由以下九个部分编排而成。

1. 出其不意

这一组团讲授的是如何通过在有限程度上破坏现实秩序，实现幽默的最简单的方式。

2. 憨态可掬

这一组团讲授的是如何通过表现小动物或体态比较夸张的动物实现幽默的方式。

3. 煞有介事

这一组团讲授的是如何通过表现动物拟人的场景来实现幽默的方式。

4. 似是而非

这一组团讲授的是如何通过表现无生命物体拟人的场景来实现幽默的方式。

5. 物理玩笑

这一组团讲授了如何通过对现实物体进行有限的物理破坏来实现幽默感的方式。

6. 童心未泯

这一组团讲授的是如何通过保持童心，借鉴儿童天真无邪特点表现幽默的方式。

7. 时空倒错

这一组团讲授的是如何通过将两个不同时空的场景布置在一起，通过反差产生幽默的方式。

8. 感同身受

这一组团讲授的是公共艺术中通过场景设定，邀请观众无意识参与并进而感受幽默感的方式。

9. 鞭辟入里

这一组团讲授的是幽默中比较艰深的类型——黑色幽默，通过表现人在社会压力下的异化实现形式上的幽默，但在内涵上则传达了反思与批判的态度。

案例

1. 让·杜布菲作品，旅游者，武士陶壶，骑俑
2. 艺术化标识
3. 爱丽丝的猫，鸟
4. 小犬步行，象山
5. 岩石上的思想者，左手鼓手，钟、新月和兔子
6. 铁砧尖上的尼金斯基
7. 自行车上的鱼，鸽子取得了哲学而大众放弃了哲学
8. 几何形态作品，牛
9. 警戒，放逐，行走
10. 国王与王后，昨日今日明日
11. 打结的枪，汽车浮泡
12. 自重，字母好幽默
13. 夏娃，压碎VI，开小差的少女，洞爷颂
14. 月亮鸟，芋虫
15. 做扁桃花游戏的一对恋人，凯旋门，
16. 游客，穿越
17. 交谈，眺望，行李
18. 地下生活，渡渡鸟
19. 公司之头

课前准备

1. 搜集世界范围内带有幽默性质的公共艺术经典案例。
2. 观赏其他类型的幽默文艺作品，如喜剧、漫画等，体味其中的幽默作用方式。

课堂互动

将自己从日常生活中感受到的或从文艺作品中借鉴的幽默场景转换为三维立体艺术形式，考虑环境因素，将方案制成PPT在课堂上汇报交流。

延伸阅读

1. 古代艺术中的幽默与笑
2. 费尔南多·波特罗
3. 巴里·弗拉纳甘
4. 超现实主义大师若安·米罗
5. 汤姆·奥特尼斯

参考书目

《公共艺术的观念与取向》/翁剑青
《公共艺术时代》/孙振华

1.出其不意

通过富于幽默感的形式，为公众带来欢笑，化解快节奏都市生活带来的紧张气氛是公共艺术重要的社会功能之一。与文学、戏剧、电影甚至绘画等幽默的传统承载形式相比，以立体造型为基础的公共艺术作品一般只能通过静止的形象来表现幽默，而且其身处公共环境，受众面广且年龄、教育背景、文化背景跨度大，所以其表现幽默的方式必须更容易为人理解，才不易引起歧义或反感。如右中图香港表现电影从业者的公共艺术作品，将严肃的工作场景放在这样一个开放的休闲空间中，因为反差强烈而具有喜剧感。（华梅 摄影）

公共艺术中的幽默感来自一些艺术流派的理念与艺术思潮的特征。比如超现实主义、波普艺术和后现代艺术就将幽默感放在很重要的位置上，并着力通过对现实的加工、对秩序的违背、展现事物的荒唐属性来表现幽默感。左上图是超级写实主义艺术家汉森的《旅游者》，滑稽之余带有更多的讽刺和批判。左中图是杜布菲落成于法国巴黎塞纳河边中洲公园的作品，通过看似没有逻辑的形式与现实产生冲突，从而令人产生幽默的回味。总体而言，艺术家们在工作室中的试验，在社会大环境和各种鼓励政策的作用下走向公共空间，从而产生了基于幽默设计的公共艺术类别。

延展阅读：古代艺术中的幽默与笑

幽默会使人发笑，但并不是所有的笑都是由幽默引发的。笑是人类的一种本能，是健康的身体状况、良好的情绪的一种体现。笑更是人类社会交流的重要手段，在大多数人类文化中，笑都是表示友好的象征。基于此，不同文化的古代艺术家都将具有微笑、大笑等多种表情的人作为重要表现对象。如左下图是南美洲莫契卡人创作的《武士陶壶》。笑容表现真实，具有极大感染力。右下图为中国河北望都出土的东汉《骑俑》。作者已经熟练运用形体夸张等艺术手法营造视觉上的喜剧效果。

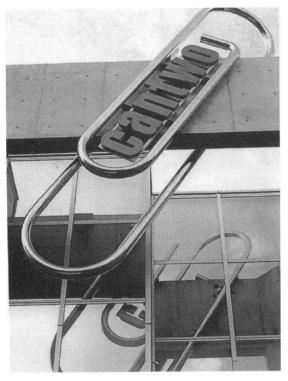

对现实秩序的破坏，只要程度有限不至于危及人们的正常生活，就能产生喜剧效果。本书第一章奥登伯格通过对现成品放大尺度以创造幽默感就属于这一范畴。左上图是日本东京金属制品有限公司的艺术化标识，远远超出正常尺度的曲别针，不合常理地别在建筑结构上，这种看似荒谬的景象与现实的强烈对比是幽默感产生的根源。

右上图是法国巴黎的公共艺术作品。作者采取了类似本书第一章介绍过的"笔断意连"方法，塑造了人的部分身体，产生了仿佛试图穿墙而过未能成功被卡在墙内的视觉效果。这种违背物理法则和人类常识的艺术表现形式，颇为类似于电影拍摄中将大量没有任何关系的镜头、对白剪辑在一起的手法（即通常所说的"无厘头"），通过对常识的颠覆而产生出人意料的幽默色彩。

左下图中正常放置的井盖与违反常规插在路面上的井盖产生了强烈对比，暗含了对秩序可控的破坏，而这种破坏又没有对人们的正常生活产生威胁，就能产生一定的喜剧效果。这种类似于出其不意的手法，没有太多的思考深度，也不必依靠过多的精细造型手段，通过在设计工作中适当颠倒设计元素的位置就能产生，这在公共艺术表达喜剧感的方式是最简单的一种，类同于滑稽。

滑稽能够使人发笑，但是幽默通常比滑稽更高级。《辞海》指出："（幽默）是发现生活中喜剧性因素和在艺术创造中表现各种喜剧性因素的能力，真正的幽默能洞悉各种琐屑、卑微的事物所隐藏的深刻本质。"所以本章将由浅入深，逐步论述公共艺术中的幽默表现方式。

▼ 沿此虚线以下贴入设计作品（A4成品）

2.憨态可掬

前述对日用物体尺度的放大、对物品正常位置的颠倒都是通过夸张现实产生幽默感的一种类型。在人们日常生活中占据重要地位的动物,特别是人们熟悉又不至于感到威胁的小动物,其形态、习性也是人们熟悉的,通过对这种形态、习性进行艺术形式或情节上的夸张处理,也能产生强烈的幽默效果。

上图及左中图是位于西班牙巴塞罗那希乌塔戴拉公园的《爱丽丝的猫》。作者是著名的哥伦比亚艺术家费尔南多·波特罗(Feranado Botero)。作品取材于英国作家查尔斯《爱丽丝漫游仙境》中小女主人公遇到的那只会笑、会幻术的神奇柴郡猫。作者以自己一以贯之的艺术手法,塑造了这只形象简练、形体膨胀、充满张力的大猫,因为膨胀程度控制在合理范围内,非但没有引起人不适,反而产生强烈的喜剧效果。作者也没有设置基座,为青少年提供了爬上作品嬉戏的充分可能。

Humorous Public Art
幽默型公共艺术——基于情感表达的设计　　憨态可掬

延展阅读:费尔南多·波特罗

画家、雕塑家费尔南多·波特罗1932年出生于曾为西班牙殖民地的哥伦比亚。他本人早年来到欧洲求学,深受西欧15世纪绘画风格的影响,并在吸收本民族文化传统的基础上开创了体积饱满的"波特罗式"绘画风格。自20世纪70年代起,波特罗又转战雕塑领域,创造出一系列形式上具有强烈冲击力的艺术形象,如《行走的人》、《母爱》、《站立的女人》等,并得以在艺术传统悠久的巴黎香榭丽舍大街展出。波特罗创作的动物雕塑不多,知名的只有《爱丽丝的猫》和《鸟》(见左下图)等。但是这些作品展现的强烈生命力,既写实又抽象的形式特征都使它们和都市环境形成互补,并在一定程度上满足了现代人对童话、幻想的精神需求,从而在大多数作品或完全写实、或完全抽象的公共艺术领域显得特立独行,并取得极大成功。

除了通过夸张小动物的形体特征来增强喜剧色彩外，通过夸张小动物的习性也能达到类似效果，如右上图与右中图是日本著名艺术家薮内佐斗司位于横滨营业公园的《小犬步行》，作者选取了本身就具有可爱特征的小狗为表现对象，依次表现了三种强烈的反差。第一是现实中小动物的无序和作品中的高度秩序间的反差；第二是不可能穿墙而过的现实与作品中不可思议穿墙而过间的反差；第三是小动物的天真、生命感与坚硬、无生气的都市环境间的反差。喜剧色彩由此产生。

还有的作者并未通过形式语言和情节安排上的探索来表现喜剧效果，而是直接借用了卡通片的现有形式，将其三维化后立于公共空间，深受孩子们喜爱。理解不同层次的幽默所需的智力层次不同，像左上图由约埃希姆·舒斯特（Joachim Schuster）创作的这样直白追求滑稽效果的作品，主要是针对儿童的心理和智力设计的。

右下图1为日本艺术家天野裕夫创作的《象山》。落成于爱知县任坊山公园，作者夸张体积的手法有些类似于波特罗。但是作者一方面追求更强烈的变形，另一方面在细节表现上更为写实，彰显了自身的特色。右下图2为天津大港步行街上的公共艺术作品，通过表现海狮这种本身就具有滑稽效果的动物创造喜剧色彩。海狮的滑稽效果来自两个方面：体态笨拙和模仿人类动作，这也是下一节"煞有介事"即通过动物创造喜剧感的、更高层次的主要内容。

3.煞有介事

　　出生于威尔士的艺术家巴里·弗拉纳甘（Barry Flanagan)惯于用高度拟人化的兔子作为主要表现形象。右上图是其位于美国圣路易斯华盛顿大学校园内的《岩石上的思想者》。兔子一本正经地摆出《思想者》中的造型，显现出对罗丹经典的大胆颠覆，貌似严肃的形象和兔子在人们心目中较低的地位形成鲜明反差，产生强烈的喜剧效果。左上、左下两图是其《左手鼓手》。兔子模仿人类摆出桀骜的击鼓造型，同样给观众留下深刻印象，这件作品长期在纽约联合广场展出。

　　关于幽默的分类很难取得一致意见，有学者采取最简单的分类方法，即将幽默分为普通幽默和黑色幽默。普通幽默是一种建立在优越感基础上的幽默方式，其感知与关注的对象是动物或物体的人性化程度，这也是许多公共艺术表现动物拟人行为的出发点。普通幽默实现有一个重要前提，即感知对象的人性化程度必须要比主体低，这样才不会使主体感受到威胁并进而通过以高见低的亲切感感到乐趣。马戏团的海狮与人握手、顶球等表演，或者《米老鼠和唐老鸭》等经典动画片的喜剧效果都是普通幽默感在发挥作用。右下图就是弗拉纳甘的代表作品之一——位于伦敦的《钟、新月和兔子》。作者将平时水平放置的钟颠倒，利用新月作为兔子凌空飞过的支撑结构，具有类似于马戏演出或卡通般的喜剧效果。

左上两图及右中图2为弗拉纳甘的代表作品之一《铁砧尖上的尼金斯基》。兔子通过摆出一个通常只有人类才能做出的高难度动作营造出喜剧感，同时作品对平衡感的微妙把握也是其吸引人之处。就像《岩石上的思想者》一样，这件作品也来自对罗丹作品的颠覆性运用。瓦斯拉夫·尼金斯基（Vaslav Nijinsky)是著名的俄罗斯芭蕾舞演员，罗丹曾在1912年创作过以他为题材的作品（见右中图1)

虽然兔子是弗拉纳甘一贯的表现题材，但是在这件作品中，兔子的诸多特征被淋漓尽致地展现出来，如充沛的活力、灵性和运动天赋。如弗拉纳甘自己所说："如果你想通过人像来表达某种境况、意义或感受，你会发现表现范围要远远小于在动物上的同样投入，特别是像兔子这样带有人类表现属性的动物。举例来说，兔子的耳朵就能比一个斜着眼或做鬼脸的人像传达更多的东西。" 弗拉纳甘就经常在野兔雕像中用耳朵的不同指向来传达信息。

延展阅读：巴里·弗拉纳甘

　　巴里·弗拉纳甘是二战后英国雕塑界的代表人物之一，曾就读于伯明翰工艺美术学校和伦敦圣马丁学院，后留校任教。对他这一代雕塑家来说，摩尔已经是一个难以逾越的巅峰，安东尼·卡罗（Anthony Caro）受美国影响的构成主义风格才是他要超越的对象。因此，弗拉纳甘抛弃了构成主义，从英国文化和传统中寻求灵感，使作品在具象和抽象之间保持稍微偏向后者的平衡。他的作品经常与架上创作保持紧密联系，并不一定固定在某处，而是可以在各地巡回展出。阿纳森将他与罗夫斯基等人并称为"新意象主义者"，认为他们"几乎是毫无例外地创作出了偏爱形式与内容处于某种摇曳不定的平衡状态中的作品"。

▼　沿此虚线以下贴入设计作品（A4成品）

在更多的情况下，动物拟人形象可以更为直接地运用在公共艺术创作中，从而为环境创造幽默氛围。上左图1是由格里高利创作的《自行车上的鱼》。作品不但在动物与人类特有行为间营造了强烈反差，还在水生动物和陆地运动间形成第二层反差，这种强烈的反差营造了既诙谐又富于奇幻色彩的效果。上左图2是天津大港步行街上的公共艺术作品。通过猩猩笨拙地操作电脑这一高科技产品制造笑点，小猩猩的加入进一步强化了这一效果。

左中图是美国花旗银行广场上的小型公共艺术作品《鸽子取得了哲学而大众放弃了哲学》。作者在大理石座椅上塑造了报纸和几只鸽子，鸽子似乎正在高深地阅读，但旁边的煎蛋似乎又预示着它们生命的脆弱。作品同样需要观赏者具备较高文化程度，甚至是有一定的生活阅历才能准确体会其中的幽默色彩。

Humorous Public Art
幽默型公共艺术——基于情感表达的设计

煞有介事

根据环境和针对对象不同，公共艺术表现幽默的方式也有显著区别。在动物做出拟人动作或表现出拟人形象时，成人和儿童的心理活动是不同的。成人是基于优越感，感知这些低于自身人性化状况的事物，并对其试图人性化的趋势做出反应。儿童则是基于相似感，他们认为这些卡通化、拟人化的动物形象与自己类似，从而产生亲近感。这些动物形象普遍具有圆浑的外表、较大的头部等无威胁的特征，因为儿童只有在感觉安全的状况下才能感受快乐。右下图是日本公园中以拟人化的鸭子一家为题材的作品。

4.似是而非

与利用具象动物形象或动物拟人形象创造幽默感相比，利用几何形态或现成物品模拟动物或人的形态需要更为复杂的创作技巧。观众看到动物模仿人类或儿童模仿大人的动作时会基于优越感和亲切感发笑。在看到更为低级的无生命几何形体模仿动物时，优越感会更加强烈，自然幽默效果也就十分明显。

左上图及右上图是新西兰克莱斯特彻奇市现代艺术博物馆大厅中的公共艺术作品，作者用类似儿童搭积木的手法创作出狮子狗的形态。几何形态本身就具有一定的趣味性，作品相对于空间而言用用较大的尺度增强了对比与反差，进一步强化了喜剧效果。（华梅 摄影）

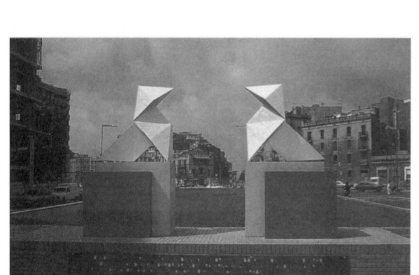

左中图是巴塞罗那克洛特大街上由西班牙艺术家拉蒙·阿信（Ramon Acin）创作的作品。作者用类似折纸的手法，创作了一对高度抽象化的狮子。滑稽效果不但因几何化形态与生命有机体间的相似与反差产生，还因为几何狮子做出昂首挺胸和对视的威严姿势而得以进一步强化。

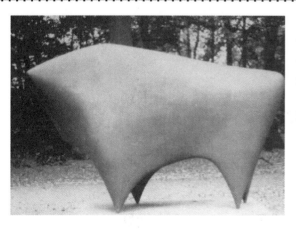

上两件作品利用近似构成的手法将动物形态抽象化。左下图是位于比利时安特卫普雕塑公园中的《牛》。以传统的造型手段将牛的形态加以提炼和高度简化，不禁令人想起毕加索那幅将公牛形象逐步简化直至以线条表现的著名画作。这件作品的作者在特征把握和简化手法的运用上也体现出了很高的艺术水平。除了这种提炼过程，作品喜剧感的来源还包括巨大体积与短小四肢间的反差，这种不合情理的安排本身就具有滑稽感。

▼ 沿此虚线以下贴入设计作品（A4成品）

如果用构成手法模拟动物形态能够使观众在优越感和亲切感的基础上发笑，那么用相同的手法模仿人形带来的滑稽效果就更为明显。

上左图是美国西雅图市一件以家庭为主要表现对象的公共艺术作品。作者别具创意地运用板材的横截面形态进行创作，其构成手法有一些类似克劳斯·卡梅里希斯（详见本书第二章之"深度幻觉"）。这种利用板材横截面创作的手法，很容易准确表现对象的轮廓及标志性特征，但问题在于侧面几乎没有明显变化，不适于观赏。

事实上，人体形态在躯干与四肢的比例方面比大多数动物更为匀称，更容易在艺术创作中用相同尺度、形状的基本构成元素加以组合后模仿出来。左中图和右上图是葡萄牙艺术家迪麦斯·马塞托创作的作品，两件作品均采用了类似药用胶囊的圆柱体为基本元素，分别利用长度变化、并列、曲折等造型手段模拟人类形态，并根据人物动作表现了一定的情节。右上图为《放逐》，表现了由圆柱体构成的人物形态独坐在椅子上，双手抱头的情景。左中图为《警戒》，采用人物组合构图，其中一个屈膝伏地，另一个端坐其背上，双手作望远镜状。人物的一本正经与这一动作的完全没有必要之间产生对比，使这一荒谬的情景本身就具有很强的喜剧效果。

Humorous Public Art
幽默型公共艺术——基于情感表达的设计 ： 似是而非

美国雕塑家朱厄尔·夏皮罗（Joel Shapiro）1941年出生于纽约，他从20世纪70年代起开始受极少主义者的影响创作构成风格的雕塑（见左下图1）。但是由于他早年在印度旅行期间，被印度古代雕塑在表达人类情感方面的巨大力量所感动，因此他总是比理查德·赛拉等极少主义者更关注作品形式对人的心理影响，这使他逐渐脱离极少主义阵营，开始探索将这些形式上高度完善的几何形体运用于表现人类形象。他的探索顺应了公共艺术时代，并因为作品的幽默特征与互动性获得巨大成功。左下图2为他1989年落成于日本福冈县银行总部门前的《行走》，作品滑稽的动作经常吸引游人竞相模仿。

模仿人类形象的艺术行为既可以通过模仿肢体、轮廓和动作实现，也可以单纯依靠表现面部特征实现。事实上两两相对的眼睛、鼻孔、耳朵，位于中轴线上的嘴，加之围合的轮廓和彼此间适当的距离，是人们表示较高等生物的重要特征。因此一些艺术家在公共艺术创作中，在极为简单的形体上突出眼睛等五官，强化面部特征，通过模拟人类面部形象以表现幽默的创作主题。如右上图是日本横滨美术馆前的公共艺术作品，极为简化的圆锥状身体添上两只大眼睛之后，滑稽效果顿生。

如果作者模仿的不是现实生活的人，而是以人为表现对象的作品，同样能产生较强的喜剧效果。就像前面弗拉纳甘创作野兔版的《岩石上的思想者》。右中图的作品显然是在模仿亨利·摩尔的名作《国王与王后》。作者用钢板弯折成最简化的人类形象，并用螺栓代替眼睛，在所谓的面部用钢板开口模仿胡须以此区分人物性别，安排合理，构思巧妙。当然这种作品的喜剧感营造需要欣赏者具有较高的文化素养。

右下图是韩国奥林匹克雕塑公园内由瑞典雕塑家创作的作品《昨日今日明日》。虽然尚不清楚作者将保险箱和雕琢粗糙的花岗岩并置的创作意图，但是在花岗岩上雕琢的面部着实令人忍俊不禁。这些五官巧妙利用了花岗岩表面的纹理和凸起，与正常比例相比刻意缩小了尺寸，从而在大面庞和小五官间形成强烈反差，这正是在各种类型的视觉艺术中营造喜剧感的重要手段。

▼　沿此虚线以下贴入设计作品（A4成品）

5.物理玩笑

1980年，列侬在纽约被马克·大卫·杜普曼谋杀，他的妻子小野洋子希望列侬的朋友，瑞典雕塑家卡尔·弗雷德里克（Carl Fredrik）创作一件作品以表达列侬一直追求的和平与反暴力思想，这种思想在列侬的很多名曲，如《给和平一个机会》（Give Peace a Chance）中都有鲜明体现。弗雷德里克用最具创意的将左轮手枪打结的方式，似乎是在和物理定律开了一个玩笑。枪管作为一种金属工业制品留给人们的坚硬印象，与弯折卷曲后的景象形成强烈反差，从而在戏谑中坚定表明了反对暴力的主题。

位于美国纽约联合国总部门前的这尊《打结的枪》（Knotted Gun）是一件享有极高知名度的作品，其宣扬的非暴力精神也广为传播。这件作品一开始置于纽约中央公园，以纪念著名的披头士乐队主唱约翰·列侬（Joan Lennon），后于1988年迁至联合国总部至今。

从这个角度上说，它应该被置于本书第八章"主题型公共艺术"论述。但是就其作为一件作品来说，其作者的造型逻辑又完全是基于幽默的。将枪管打结以示不能再发射的意愿，完全符合幽默"对现实逻辑进行适当的加工和破坏"、"表现方式含蓄、意味深长"等定义。因此，这一案例被置于本章，侧重从作者如何利用看似荒诞的构思表达沉重严肃的主题这一点加以分析。

Humorous Public Art
幽默型公共艺术——基于情感表达的设计

物理玩笑

以一种看似荒诞不经的方法改变工业制品的质感特征，将坚硬与柔软、无机与有机结合起来以制造强烈对比反差，是后现代艺术家较多采用的一种方法。几乎与《打结的枪》同时，1981年后现代主义雕塑家马可·波乔·塞拉（Marco Boggio Sella）创作的《汽车浮泡》（见右下图）也采用了类似的对比手法。通过将浮泡这样的有机形态与汽车这样的机械工业产品嫁接，违背了人们传统意义上的严肃认知，从而产生了较强的喜剧感和幽默色彩。

显而易见的是，以风力、重力为代表的自然力虽然是相对强大的力量，但是肯定不足以改变金属、陶等坚硬材料的物理特性，如果在艺术创作中通过形式有意违背这一点，就能产生出人意料的视觉效果，进而表现出幽默感。

左上图是日本艺术家村冈三郎创作的《自重》，位于宇部市常磐公园中。作者用细腻的泥塑造型手法表现了形体本身在重力作用下坍塌、膨胀、变形的感觉。作品本身是静态的，但因为表现了一种带有趋势性的现象而具有了鲜明的动感，形式语言直白明确，具有令观众会心一笑的功能。

右中图1是日本著名的陶艺家速水史郎的小型公共艺术作品。作者运用了极为简单的造型元素，成功表现出形体本身在重力作用下不断下沉、堆叠的视觉效果，其在表达方式上与《字母好幽默》有相近之处。

右中图2是奥登伯格早期的代表作品《字母好幽默》。因为文字是二维的，因此其立体形态在人们印象中必然是坚硬的，奥登伯格就从形式上彻底颠覆了人们的这一认知。通过将字母塑造得黏稠、绵软甚至在重力作用下具有某种流动感，从而营造了一种荒诞的意境，属于利用强烈对比表现幽默感的艺术作品。

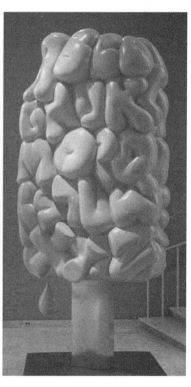

在创作中采取违背物理定律的形式必然要依靠某种内在或外在的力量。《打结的枪》似乎表现的是人力，《汽车浮泡》的力量则来自气压变化或化学反应。与之相比，右下图这件西班牙的大型公共艺术作品强调风的力量，作者通过表现大量电线杆被风力弯折这一看似不可思议的视觉效果，成功展现出一种调侃、戏谑的幽默感。作品有效提升了都市街道的人文环境，在一定程度上"活化"了气氛，体现出公共艺术作品在城市文化建设中的重要性。

▼　沿此虚线以下贴入设计作品（A4成品）

6.童心未泯

左上图是美国著名艺术家亚历山大·利伯曼位于日本箱根雕塑公园中的作品《夏娃》。作者还是运用自己一贯的圆柱体作为基本造型元素，但是将尺度两极化，使之在形式上接近饮料罐和吸管。这种对现成品的放大运用本身就是幽默感的体现。作者还将其中一个圆柱体表现为被外力撞瘪的形象，既暗合了题意又营造出轻微破坏带来的幽默感。

左中图是日本艺术家户田裕介位于神奈川县小田原市上府中公园的《压碎Ⅵ》。作品形式与利伯曼的《夏娃》十分相近，只是作者更强调了象征自然的石材与象征人力的不锈钢材间的质感对比，在可控破坏的情境营造上更为直白明了。

前面谈到过，对现实可控的加工和破坏是幽默感的一种体现。事实上，生活中的大多数人会觉得看到某人摔跤或物品残损是一种很有趣的现象，前提是这种身体伤害不十分严重以及这种物品不属于自己。这也是普通幽默尽管在不同文化中的表现形式不同，但仍普遍基于善良本性的体现。因此许多艺术家在作品中着重表现对物体有限度的破坏，使人们在自身绝对安全的环境中体验破坏的快感，以此体会到乐趣。

在创作《做扁桃花游戏的一对恋人》之前，米罗通过一系列作品逐渐探索立体造型艺术的形式法则与空间关系，其中包括右中图作于1956年的《开小差的少女》。形体简洁，色彩鲜艳明丽，水龙头等现成品的大胆采用在看似荒诞的同时也引人发笑，体现着经典的超现实主义梦幻色彩。

将形体的一部分取出并置于附近，显示了对形体、对秩序更为含蓄、更为可控的破坏，也能营造出一定的幽默感。如左下图1由速水史郎在北海道洞爷湖附近创作的《洞爷颂》。作者将完整形体的中间部分取出，取出的部分看似随意摆放但还能供人休息，别出心裁。左下图2是一个美国城市中的公共艺术品。作者将正方形中的圆形取出，两者在形式上还有紧密联系，体现出不拘一格的想象力。

前面列举的多种在公共艺术中表现幽默感的方式，不论是对奇特情节的安排，对动物形态的夸张表现、对动物和构成形体拟人的表现，还是对物理定律的有意违背，其实都体现了相当严谨的创作方法论特征，即它们的幽默效果是有意为之的，其形式是为了实现使观众发笑这一目的而存在的。

与此形成对比的是，在自身创作中无意实现幽默感的创作类型。这一创作类型强调了内容上的非理性与形式上的反逻辑，侧重于从儿童还未经科学洗礼的眼睛与心理去看待、理解和表现世界。最终的作品往往色彩鲜艳明快、形式介于抽象与具象之间，在环境中成功营造了轻松活泼的氛围。在世界公共艺术领域，作品带有最鲜明童心未泯特征的艺术家，当属超现实主义大师、西班牙艺术家若安·米罗（Joan Miro）。

左上图是米罗最早的立体造型作品之一《月亮鸟》。创作于1944—1946年，放大于1966—1967并置于马德里的索菲亚王妃艺术中心，作品形态带有有机特征，又难以分辨是何种生物，充分体现了超现实主义的造型风格。加之圆浑饱满的体积感和光滑的肌理，都为作品带来孩童般的乐趣和喜剧色彩。

右上图是米罗创作过的尺度最大的作品——位于自己家乡加泰罗尼亚首府巴塞罗那的《芋虫》。作品通过在混凝土形体上粘贴不同颜色的瓷砖来实现巨大的体积和鲜艳明快的色彩。作品不但具有使人愉悦的视觉效果，还通过表现蛹化为蝶的过程，展现了巴塞罗那结束佛朗哥独裁统治赢得自治权的成就，文化内涵十分深刻。

延展阅读：超现实主义大师若安·米罗

若安·米罗生于1893年，终于1984年，创作生涯跨越了差不多整个20世纪，是与毕加索、达利齐名的加泰罗尼亚艺术家。与众多的超现实主义者一样，早年的米罗专攻绘画，其画作风格清新愉快（西班牙内战爆发的一段时间内除外）。右下图为他的布面油画《图画》，作于1933年，现藏瑞士伯尔尼美术馆。米罗在绘画领域成就斐然，其创造的"有节奏的自动主义"是超现实主义的重大成就之一。他将稀薄颜料滴在画布上创作的创新之举，深深影响了美国20世纪50年代的抽象表现主义。

在20世纪40年代，年过半百的米罗转向陶艺和雕塑，后半生倾心于此且痴心不改，因此他的雕塑作品中可见到绘画的印记。

▼　沿此虚线以下贴入设计作品（A4成品）

当公共艺术的热潮在欧美等国兴起时，超现实主义早已过了自己的巅峰期，并被波普主义、新现实主义的风头盖过。因此除了杜布菲这样超现实主义中的"另类"外，典型的超现实主义公共艺术品少之又少。但是令很多人没有想到的是，1978年，已经85岁的米罗为法国巴黎拉德芳斯区创作了大型作品《做扁桃花游戏的一对恋人》。这也是超现实主义历经半个世纪风雨后，在公共艺术领域发出的最强音（见右上图与右中图）。

两个色彩鲜艳、圆浑多变的形体，寓意着一对青年恋人。相互扭转的动态则体现着游戏的本质，仿佛顽童涂鸦般的色彩形体背后却是超现实主义者心中始终不变的激情梦想。从个人意义上说，这是米罗自身的乐观天性使然，已然耄耋仍童心未泯；从更宏大的意义上说，让千百万人看到自身梦境被固化后的形态。米罗有魄力的尝试，证实了超现实主义并没有落伍，因为与人类梦想和天性的关系，它在公共空间环境同样能够大放异彩。左上图为巴塞罗那米罗美术馆中陈列的该作品模型。

Humorous Public Art
幽默型公共艺术——基于情感表达的设计 ┊ 童心未泯

左下图是米罗1963年的《凯旋门》。作品调侃性地模仿了巴黎凯旋门的外貌特征，但圆浑的主体结构上不时伸出类似骨骼、爪和气孔的形体，已经鲜明体现出了"有机抽象风格"的特征。

7.时空倒错

前面分析过，强烈的对比反差是制造情节冲突、营造幽默感的最有效办法。一般而言，作品肌理、尺寸、色彩之间的对比是最为简明易懂的，不论是孩童还是不同文化背景下的游客都能准确理解。与之相比，追求时间跨度上的对比，将来自不同时代的物品毫无逻辑地安排到一起，往往会因对常识的违背而引人发笑。

右上图与左中图是位于张家口市的一件公共艺术作品。作者将一个典型中国古代装束的人物形象与双肩背背包、瓶装矿泉水及手持DV组合到了一起，并做出一幅与今日旅游者相似的一本正经表情，鲜明的反差和逻辑冲突不禁令人发笑。（王鹤 摄影）

一般而言，此类通过反差制造幽默效果的手法需要观众具有一定的知识储备或与作者相近的文化背景。太年幼的儿童或来自外国的游客因为对中国古代文化不熟悉，可能很难体会到作者想要表达的幽默含义。

右下图是北京的一件公共艺术作品，长椅上衣着入时的年轻女郎正在熟练操作笔记本电脑。这是十分典型的现代都市生活场景，本来很难产生笑点，但是作者在长椅背后加上了一位头戴瓜皮帽、身穿长袍、手持折扇的典型前清或民国时期的老者形象。两者强烈的对比令观众马上与文化冲突联系起来，老者既疑惑又好奇的表情进一步加强了喜剧效果。近年来此类强调古今对比的幽默性公共艺术作品在中国较多，这可能与中国历史悠久且近年来快速现代化有关。近年来的影视剧作品同样比较广泛地运用此种"穿越"手法，喜剧效果比较明显。

▼ 沿此虚线以下贴入设计作品（A4成品）

8.感同身受

近年来，强调让观众、消费者亲身参与的体验式观影、体验式购物在商业领域十分流行。同样在公共艺术领域也出现了利用情节安排让游客、公众情不自禁参与进来，并进而体会到乐趣的艺术形式。这类作品通常在公共空间中安排写实性人像，但在情节布置上并不完整，而是留出了空间让观众参与。如左上图是北京亚运村的一件公共艺术作品。作品以相当写实的手法在花坛壁上布置了一个人像，作出倾头交谈状。感兴趣的游人可以坐到旁边，仿佛加入了这场对话，显得妙趣横生。

具有社会属性的人，往往具有好奇心和从众心理。这种天性和社会心理特征被艺术家敏感地把握住，并用艺术形式表现出来，从而创造出幽默的效果。左中图是澳大利亚墨尔本一个商业区的公共艺术作品。作者一反将写实人像布置在街道中央以保证全方位视角的做法，而是将一对青年男女的铜像布置在大厦的玻璃落地窗外，并作眺望状，难免引得好奇游人同样眺望一番，发现被捉弄后不免自嘲地一笑。

Humorous Public Art
幽默型公共艺术——基于情感表达的设计   感同身受

紧紧抓住生活中的细节进行创作，是公共艺术得以创造打动人心、产生幽默效果的关键。左下图是西班牙马德里一火车站候车大厅内的公共艺术作品。作者毫无征兆地在地面上设置了一组高度写实的旅客行李，包括皮包、礼帽和大衣。这一场景本身没有可笑之处，但是对经常旅行的人来说，这一场景不免令他们回忆起自己或友人忘记行李的尴尬场面，轻松一笑之余也极大消除了环境中的紧张气氛。

9.鞭辟入里

在幽默的世界里，还存在与普通幽默截然不同的类型——黑色幽默。不论是以小说、电影还是造型艺术为载体，黑色幽默都有一个显著特征：在看似欢乐、热情甚至异想天开的表相背后却是充满矛盾甚至丑恶的社会现实，观众在笑过之后不免感到沉重、苦涩的回味。通常只有最具批判精神的艺术家才能创作出带有黑色幽默特征的公共艺术品，也只有有一定生活阅历的成年观众才能准确理解其中的含义。美国艺术家汤姆·奥特尼斯（Tom Otterness)在美国纽约地铁站第14大街和第8大道交口站台设计的公共艺术《地下生活》（Life Underground）就是这方面最具代表性的作品。

《地下生活》是包含了多达上百个人物、动物的大型系列作品。这些青铜铸造的小人大多仅为25cm高，以与地铁站有限的空间相配合。其中最大也是最知名的一组作品表现了从下水道窜出的鳄鱼咬住一个不幸的小人，这件作品很容易被简单理解为利用出其不意来制造幽默效果（见两中图）。但如果仔细观察，会发现鳄鱼与被咬的小人以及在旁边袖手旁观的小人（见右上图）都穿西服打领带，小人看似圆浑的头部其实是一个钱袋。显然作者是在影射金融世界，特别是华尔街所谓精英的尔虞我诈与相互倾轧。

像这样的作品，其深意只有同样洞悉金钱魔力以及放任资本弊端的成年人才能体会。这件作品同样是在纽约交通管理局的艺术计划支持下实现的，运用了该站重建预算的1%。由于奥特尼斯过于痴迷这一项目，以至于创作了比原定数量多四倍的作品。大部分作品创作完毕后，于1996年在纽约中央公园展出并获得公众认可，于2000年底开始陆续安装。至全部安装完毕距立项已经过去整整10年。

延展阅读：汤姆·奥特尼斯

汤姆·奥特尼斯1952年生于美国堪萨斯。早年毕业于纽约艺术学校，后来参加惠特尼美国艺术博物馆的独立研究项目，并逐渐成为艺术界的活跃分子。奥特尼斯最早是从在商店出售自己制作的小型青铜作品开始职业生涯，后来渐渐进入公共艺术领域，其作品广泛分布在各大城市公园、地铁等公众场所。就具体风格而言，奥特尼斯擅长卡道化和可爱的形象。特别是在表现动物时，普遍膨胀、肥胖，这已成为他的标志性风格。左下图为他落成于纽约蒙特费奥儿童医院的作品，右下图为他1989—1990年的《渡渡鸟》。

▼ 沿此虚线以下贴入设计作品（A4成品）

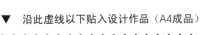

在《地下生活》系列中，许多作品在批判现实方面比"下水道鳄鱼"具有更大的力度。比如左上图表现的是在一个栅栏下，试图逃票的丈夫刚刚爬过就被警察发现，而他的妻子还在另一侧焦急无助地等待。

著名艺术评论家奥林匹亚·兰伯特（Olympia Lambert）指出：奥特尼斯的作品其实包含了犯罪与无政府状态的主题。但他又认为，由于奥特尼斯表现的人物太可爱，从而削弱了这一批判性主题。实际上，正是这种含蓄与反讽，使奥特尼斯作品的批判力度变得更大。

右上图的场景表现了一名无家可归者正在酣睡，而警察已经从后面悄悄盯上了他。场景固定在这一刻，人物造型极为诙谐、有趣，但是故事却令人心酸。显然，奥特尼斯批判了纽约甚至美国贫富差距拉大、两极分化、社会矛盾日益激化的现实

《地下生活》中相当大的篇幅都在讽刺金钱在商业社会中的作用，右中图的作品表现了一个肥硕庞大的戴礼帽大亨踩在成堆的硬币上，在与一个小人交易。可能是在给小人可怜的一枚硬币，也可能是在夺取小人仅有的一枚硬币。作者批判了放任资本使贫者更贫、富者更富的现实。

Humorous Public Art
幽默型公共艺术——基于情感表达的设计

鞭辟入里

右下图则表现了一个小人坐在长椅上，静静等待火车的到来。他紧紧抱着钱袋的动作显然是讽刺了金钱对人性的扭曲、使人性中贪婪、吝啬的一面膨胀的事实。和这个小人一样，奥特尼斯塑造的很多形象都有一颗圆鼓鼓的钱袋脑袋，奥特尼斯自言这一造型是受到19世纪著名政治漫画家托马斯·纳斯特（Thomas Nast）塑造的"特威德老大"这一形象的启发。事实上，与普通幽默是人对动物人性化趋势做出反应相对，黑色幽默的重要特征就是人的物质化，反映社会对人的异化。青铜小人头部变成钱袋就是这一手法最直观的体现，可谓一针见血、鞭辟入里。

在既具幽默感又富批判性的公共艺术作品中，1993年落成于洛杉矶的《公司之头》（Corporate Head）无疑享有最高的知名度。这件作品表现了一个身穿西服、手提公文包的人一头扎入公司大楼的墙体中去无法自拔的情景。从最基本的层面说，这件作品令人忍俊不禁的效果来自这位公司经理打扮的人所遭受的不幸。戏剧大师卓别林谈到过富有的人倒霉通常会令观众开心，而贫苦的人倒霉则会令人同情也无法达到这样的喜剧效果。在第二层面，人物足跟后部的地面上有一个铭牌，当有人低头读上面的文字（一首诗）时，就会不由自主做出与作品中人物一样的动作，这更能产生滑稽的效果。但

是，这首诗清楚地揭示了作品的深层次含义："他们说，我有一颗为商业而生的头。他们说，要领先，我就得放弃我的头。他们说，变成水泥，我的头就变成了水泥。他们说，前进，我的孩子，增值、分配、吞并。我尽我全力。"

这件作品创作的背景是美国20世纪80年代里根奉行的"供给经济学"，放松管制，导致金融业无边界扩张，更严重的是这一过程还鼓励了全国范围的商业道德崩溃，甚至有金融大亨公然宣称"贪婪是对的，每个人都应该有一点贪心"。在这种经济环境下，美国中产阶级萎缩、贫富差距迅速拉大。虽然作品创作后不久，美国经济就因为信息技术发展而获得新一轮增长，但2008年始自华尔街席卷全球的金融危机进一步证明了作者的正确判断。

《公司之头》的创作经过颇为独特。1989年著名的保诚集团（总部在英国的跨国公司）地产企业艺术顾问找到雕塑家特里·埃伦（Terry Allen），希望他参加一个与诗人合作的艺术项目，作品位置可自己挑选。特里经过考察选定了建筑物外的醒目位置，并挑选了自己熟识的诗人菲利普·莱文（Philip Levine）合作，后者曾以《简单的事实》一诗获得1995年普里策诗歌奖。两人最初策划了以洗衣机象征洗钱等构思，但最后敲定了以一个弯腰商人作为作品主体。这一构思屡被驳回，直到保诚地产新任代表拉尔夫·克伦汉斯（Rolf Kleinhans）赞同才得以实施。特里让一位律师朋友兼做模特，拍照后很快创作出泥稿，略加艺术加工后铸造安装成功。

作品虽然借这位经理人抨击了没有道德的企业，但同时对不得不在巨大经济压力之下生存的个人也表达了同情。现在这件作品已经成为洛杉矶地标之一，引人发笑又发人深省，彰显着公共艺术在活跃城市气氛与批判社会现实方面的强大力量。

8 主题型公共艺术——基于人文思考的设计

内容与要求

要求

公共艺术同样能够表达较深刻、严肃的主题，对处于本科阶段的学生来说，选取严肃主题进行创作设计会有相当的难度。而且对主题的表现往往离不开写实性造型语言的运用，因此这一环节以理论知识讲授和个案分析为主，重在培养学生的人文主义情怀与独立批判精神。

讲授内容

根据主题表现方式的不同，这一部分分为以下六个组团。

1. 似曾相识

这一组团讲授如何在公共环境中设置描述普通人生活、工作场景的写实性人像作品。

2. 时光倒流

这一组团讲授如何在公共环境中设置表现历史场景的写实性人像作品。

3. 借物言志

这一组团讲授如何利用写实性的动物形象表现所在地区的历史背景与人文环境。

4. 偏可概全

这一组团讲授如何利用人体形象片断表现相对深刻的反思主题。

5. 永恒话题

这一组团讲授如何在公共艺术时代，利用传统造型手段诠释如爱、生命等具有永恒性的话题。

6. 旧题新解

这一组团讲授如何利用公共艺术时代的崭新创作思维与方法去表现传统的纪念主题。

案例

1.缝纫老妇，老友重逢，开罚单的警官，清扫工，街头画家，双重检查，请允许我

2.写实人像作品，两个人，赛特莫伊的生日派对

3.深圳人的一天，写实人像作品

4.写实人像作品

5.野马

6.公牛，人与海洋，群马，风竹

7.拇指

8.月光，米托拉吉作品

9.安妮和帕特利克·普瓦利埃作品

10.汉斯·荣格·里姆巴赫的作品

11.倾听

12.亨利·摩尔作品

13. 亨利·摩尔作品，三部分躺在一起的人

14. 亨利·摩尔作品

15.站立的女人，母子，抽烟的女人

16.海军纪念碑，孤单的水手

17.柏林结

课前准备

搜集世界范围内一到两件主题性公共艺术经典作品的创作背景、作者经历、所在环境历史故事等信息。

课堂互动

分成小组，就一到两件具有深刻主题的公共艺术经典作品展开开放式讨论。

延展阅读

1.罗伯特·格伦

2.伊戈尔·米托拉吉

3.安妮和帕特利克·普瓦利埃

4.斯坦利·布雷费尔德

参考书目

《公共艺术的方位》/陆蓉之
《雕塑空间公共艺术》/马钦忠

1.似曾相识

不论是希腊古典时期、文艺复兴时期、巴洛克时期还是19世纪末与20世纪初，人体一直是雕塑艺术最重要的表现对象，并被寄予了神性、崇高等伟大理想。今人耳熟能详的《掷铁饼者》、《大卫》抑或罗丹的《思想者》无不如此。

当时光进入20世纪70、80年代，出现了一种将普通人作为表现对象的雕塑艺术，它们没有基座，就设置在公园长椅、街道两侧等公共场所。不但如此，这些作品还选择了正常生活、工作的一个片断加以表现，人物的神态、衣着也未经传统意义上必需的"来于生活、高于生活"的艺术加工，而是就以寻常、平淡甚至有时是卑微的面貌示人。可以想见，无论在什么时间和地点，这一做法必然引起艺术评论家的一片哗然，大量的批评指责必然落在较早开创这种艺术形式的美国艺术家小强生（John Sward Johnson）头上。

小强生是名声显赫的强生企业创始人罗伯特·伍德·强生（Robert Wood Johnson）的孙子，家境显赫，在不成功的求学和从军经历后，小强生又在自己的家族企业中被自己的叔叔解雇。不愁吃穿的小强生开始绘画，并于1968年转向雕塑艺术。

小强生规模更大的实践是在达拉斯市，他在这里创作了《缝纫老妇》、《老友重逢》、《开罚单的警官》、《清扫工》和《街头画家》等（见右上群图），分布在市中心数百平方米的面积内。这些作品没有丝毫美化、升华地表现了市民的日常生活。如左上图的《缝纫老妇》，在神态、肌理、服饰细节等方面的刻画屡屡产生以假乱真的效果，让人发笑之余不免产生辛酸之感。

小强生长于以现实生活中的人物为题材创作，较早的尝试之一是1982年落成于纽约世贸中心附近的《双重检查》，表现了一位白领男士正在长椅上检查自己的公文包（见左下图1），背景可见野口勇的《红色立方体》。作品形态逼真，常令人产生认知上的错觉。该作品在"9.11"事件中受损，修复后回到祖库提公园。

位于俄勒冈州伯特兰市县区法院广场的《请允许我》（见左下图2），表现了一个记者打扮的男子撑着雨伞，似乎正要举手提问。人物的衣领等处已经显出着色效果，这正是传统雕塑家所深恶痛绝的。

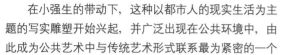

在小强生的带动下，这种以都市人的现实生活为主题的写实雕塑开始兴起，并广泛出现在公共环境中，由此成为公共艺术中与传统艺术形式联系最为紧密的一个类别。一方面，雕塑家们能有机会在公共空间中得到更多创作机会；另一方面，城市管理者在不能确定何种公共艺术形式最适合自己城市、社区时，总会有一种最为保险的手段可以采用。最后，这种艺术形式在艺术水平较高的情况下往往能成功提升所在环境的艺术氛围，并为环境增添幽默气氛。左上图为美国麦当劳学院教学楼前的公共艺术作品，以家庭这一永恒主题为表现对象，强调温馨感。右上两图中

的作品位于火车站内外，表现了典型的旅客形象，或正焦急看表或正在等车，与环境的功能契合得很好。

由于经济发达且信息渠道畅通，20世纪70、80年代以来的日本公共艺术建设往往紧跟美、欧最新趋势，并结合自身文化传统予以继承发扬，新宫晋在能动雕塑方面的成功就是一个例子。在写实人像方面，日本从明治维新以后就积极向西方学习，在20世纪初产生了佐藤忠良、本乡新等一批大师级人物，并通过留学对中国产生很大影响。20世纪80年代后，女雕塑家朝仓乡子把握公共艺术兴起的时代脉搏，推出了一系列以都市年轻女性为题材的作品，洋溢着青春活力，在都市中取得巨大成功。左中图为1984年落成于仙台市的《两个人》。类似作品还广泛见于日本各大城市。

小强生的作品消解了严肃主题并走入公共空间，因此往往令公众产生亲切之感。再加之他在一些细节上添加的噱头，比如街头画家画布上描绘的达拉斯美术馆外景，再比如警官正在开的罚单上的名字正是小强生本人，这些往往都能引发游客极大的参与兴趣。《赛特莫伊的生日派对》是小强生作品中单体人物最多的一件，位于芝加哥码头广场，特别受到孩子们的喜爱，甚至恶作剧地为雕像们戴上圆锥形小帽。

关于小强生作品的争议从未平息，绝大多数的艺术界人士都认为他的作品不算艺术，而是媚俗。小强生进入21世纪以后，制作了以现实图像为依据的《无条件投降》和《永远的玛丽莲》，在这些作品中Maya软件、雕刻机、塑料和发泡胶等非传统材料的运用使得批评更为激烈。但不论如何，小强生曾经开创了一种为公众喜爱的艺术形式，这就足够了。

▼ 沿此虚线以下贴入设计作品（A4成品）

从20世纪末，国内艺术界对欧、美、日公共艺术的发展给予了更多关注，深圳出现的《深圳人的一天》就是国内公共艺术实践的一次探索。策划者提出："让社区的居民告诉我们做什么？"他们在街头随机寻访18位市民，在征求同意后，为他们翻制出等身大的青铜像，以表现任意一天的市民生活。这种过程的本身具有极大的意义，从策划的开始、表现对象的选择到雕塑的落成都与普通市民息息相关，是艺术家希望让公众更多地参与艺术的一种大胆尝试。

Thematic Public Art

主题型公共艺术——基于人文思考的设计　　　似曾相识

囿于历史传统、经济发展水平和技术条件等因素，国内公共艺术在观念、创意等方面与世界先进水平还有差距。但是公共环境中的写实人像则因为有一定人才基础，运用起来无风险而广泛落成于各大城市景区、步行街，成为中国公共艺术建设中的亮点之一。

2.时光倒流

在公共环境中布置写实人像方面，东方国家因为有悠久的历史文化，因此作品不能只局限于反映当代都市生活。基于这一原因，中国、日本出现了大量反映这一地区之前历史人物生活、工作场景的作品，宛如时光倒流，满足了市民对艺术承载集体记忆的较高精神需求。左上图是日本富市火车站前广场上的公共艺术作品。背着沉重行李的老妇、身穿和服的孩童以及等车的旅客，无不反映了日本20世纪前期西方工业文明和本国传统文化交织、并存、冲突的时代特征。在活跃环境气氛的同时不忘历史，可以认为是东亚国家公共艺术领域的显著特征。

左中图是位于天津市杨柳青的公共艺术作品（作者：王家斌 王鹤）。作品以乾隆和刘墉为主要表现对象，在形象塑造上抛弃了以往帝王将相雕塑中过于强调威严的手法，转而追求人物形象和细节上的生活化。以一种让市民喜闻乐见的方式将作品"嵌入"开放性的公共环境，既实现了承载历史记忆的要求，又极大地活跃了环境气氛。

右上图中表现虎门销烟场面的写实雕塑同样离开基座，放弃了传统雕塑观念对整体布局的要求，转而积极介入公共环境。

在反映历史方面，中国公共艺术还有一个特色，即带有不同时代特征的人物形象可以出现在一个场景中，如右下两图的作品就选取了民国时期的一个场景。身着西服、旗袍的上层社会夫妇与衣着打扮还停留在清末的挑担民夫出现在一起，既强化了视觉反差与对比效果，同时也符合历史真实。

3.借物言志

马是人类最重要的动物朋友之一，很早就成为重要的艺术表现对象。但绝大多数时候都是英雄骑马像的组成部分，绝少作为主角出现。在公共艺术时代，雕塑被赋予的纪念、教化、提升功能越发淡薄，而更强调共同记忆的表现。在这种情况下，马作为主要表现对象的运用会产生更直观、强烈的艺术效果。位于美国得克萨斯州达拉斯市拉斯科列纳斯（Las Colinas）镇威廉姆斯广场的《野马》（Mustangs，原意为美国的小野马或半野马），既是世界上最大的马群雕塑，也是运用动物形象来承载地域历史记忆最成功、最令人印象深刻的例子。

从右上图中可以看出，跑在队列最后的是一匹小马，体态十分鲜活，反映出作者对野生动物深刻的了解。作者罗伯特·格伦（Robert Glen）是一位生在肯尼亚的英国艺术家。在1976年接受委托后，他花了整整一年时间阅读历史书籍，了解这种由西班牙被带到美洲大陆，并成为所有得克萨斯和美国西部野马祖先的动物。格伦还塑造了大量橡皮泥小稿，以反复推敲作品的构图与尺度。

作品高度的艺术成就还离不开卓越的铸造工艺，格伦选择了世界上历史最悠久的雕塑铸造工厂——英国的莫里斯厂（The Morris Singer Foundry）。

与传统雕塑不同，《野马》从构思之初就与环境设计紧密结合在一起，硬质铺装的广场被开辟出象征河流的总长130m的水体，九匹1.5倍于真实尺寸的野马奔腾驰骋，趟过溪流，激起水花，一往无前。马蹄下的水花正是喷头所在位置，这一设计不但大大增强了真实度，还为作品加入带有时代特征的能动性。为了接近大草原的视觉效果，广场上没有按照传统设计层次丰富的景观，游人近距离接触艺术品也没有任何阻碍。这种将环境设计、造型艺术和设施设计融为一体的总体设计思路，顺应了公共艺术的时代潮流。

1984年当作品安装完毕广场开放时，离格伦接受任务已经过去了整整八年。所有人的卓越努力造就了世界上最大的马群公共艺术，并成为达拉斯的名片之一。

延展阅读：罗伯特·格伦

雕塑作者罗伯特·格伦从小就显现出对野生动物的迷恋，14岁起就作为内罗毕自然史博物馆馆长约翰威·廉姆斯（John Willims）的远征助理为欧洲博物馆收集标本，后来又作为动物标本工作室学徒工作了三年，这种经历为他此后在动物雕塑上取得巨大成就奠定了基础。除了用八年时间完成的《野马》外，格伦的许多作品被包括伊丽莎白二世在内的名人收藏，并在世界范围举办多次个展。如此大的成功并没有改变格伦，他依然在内罗毕简单的营地工作室工作，并在自然历史、生态平衡和动物保护上倾注自己的热情。

另外一些公共艺术形式虽然没有《野马》这样高的知名度，但也都能与所在地域的历史与文化传统紧密结合，提升所在环境的人文氛围。右上图是达拉斯市先驱者广场的另一件大型公共艺术作品，作者选取了美国拓荒历史上另一种重要动物——公牛，以完全忠实于原始面貌的构图设置在高楼林立的市区，反映着拓荒历史中除了野马表现的速度与激情，还有公牛表现的坚韧与负重。左上图是国内某公园草坪上的群马雕塑，布局和构图都在一定程度上借鉴了《野马》。

对一些文化传统上与海洋关系更紧密的国家、地区来说，选取海洋生物作为主要表现对象是更合理的选择。右中图是澳大利亚悉尼海滨商场中的公共艺术作品《人与海洋》。作者大胆选用真实色彩表现海豚与地球，作品形态适合室内空间，顶棚造成的光影变化进一步丰富了作品的质感。

虽然马在中国人心目中占有重要地位，但是就更能承载中华传统文化的"物"而言，竹显然更为有力。中国香港雕塑家文楼在吸取西方雕塑造型手段精华的同时，努力从中国传统文化中寻求灵感。在他的作品中，东西方艺术交融的痕迹体现得格外明显。以右下图中的《风竹》为例，他选取抽象形态的竹子为表现对象，在挺拔、坚强的线条中含蓄传达竹子代表的中华民族特有的气节和审美观。另一方面他又大胆采用极具现代感的不锈钢材料来表现竹，以使作品更好地适应现代都市环境，为中国公共艺术发展探索出一条别具特色的道路。

▼　沿此虚线以下贴入设计作品（A4成品）

4.偏可概全

传统雕塑对于人体的完整性一直非常重视，黑格尔就曾说过："⋯⋯雕刻的基本类型是天生成的而不是由雕刻家设计的。"在公共艺术时代，人体的某些部分开始成为重要表现对象，并被赋予了相当丰富的人文内涵。法国雕塑家塞萨尔·巴尔达奇尼（Cesar Baldaccini）在巴黎拉德芳斯新区设计的《拇指》（Le Pouce）就是其中的杰出代表。

右上图为伊戈尔·米托拉吉作品。

Thematic Public Art
主题型公共艺术——基于人文思考的设计

偏可概全

塞萨尔1921年生于马赛，与阿尔曼等人同为新现实主义的代表人物，长于用废旧汽车压缩、焊接进行创作，他亲自操作压缩机，控制压缩过程以保证压缩后的体块具有色彩和图案上的艺术性。从1965年，塞萨尔开始转为通过翻制人体并适度放大来进行创作，他找到的最具表现力的语言就是人的拇指。因此当他在通过拉德芳斯大门中最北的一条轴线上设计作品时，毫不犹豫地翻制并铸造了高12m，重18t的金属大拇指，以作为展现法国人雄心的视觉象征，并取得极大成功。

当塞萨尔等老一辈艺术家颠覆性地运用翻制等手段创作时，年轻一代的艺术家又转而开始从希腊古典艺术中汲取营养。通过对经典人体的片断运用加以重新诠释，从而使古典元素在现代都市环境中焕发出新的生命力。这其中的代表人物就是出生在德国的波兰艺术家伊戈尔·米托拉吉（Igor Mitoraj）。米托拉吉选择最多的片断元素是面，他使用最为古典优美的手法塑造人体，却以不完整的形态出现。如右上图是位于英国伦敦大英博物馆外的《月光》，对古典风格面庞的运用，契合了所在环境的古朴典雅气息，并赋予其新的时代内涵。

右中图是米托拉吉位于法国巴黎拉德芳斯区国防部大楼前的作品，散发忧郁古典气息的面庞，却在面部和颈部添加了长方形，这似乎是一种离经叛道甚至违背人正常审美规律的做法。但是从形式上看，几何形元素的运用确实更好地与身后的建筑背景结合在一起。

延展阅读：伊戈尔·米托拉吉

　　伊戈尔·米托拉吉生于德国奥德兰，但父母均是波兰人，事实上伊戈尔就是一个典型的斯拉夫名字。伊戈尔年轻时接受波兰克拉科夫美术学院严谨的写实派油画训练，成年后到巴黎继续求学。在赴墨西哥研究古代美洲艺术的旅程后，他转向雕塑，并逐渐开创了一种造型上很完美，形体上却不完整的写实手法，带有梦幻般的怀旧色彩。这样的作品虽然引起许多传统艺术家和评论家抨击，但与现代都市的硬、软环境却能更好契合，因此2009年米托拉吉获得了佛洛伦萨双年展最高奖项"洛伦佐终身成就奖"。

▼　沿此虚线以下贴入设计作品（A4成品）

与中国历史文化的一脉相传不同，欧洲的历史文化经历多次大的中断，因此欧洲艺术家即使在充斥消费主义快餐文化的现代社会也不忘关注文化实体与文化记忆的问题。由法国艺术家安妮和帕特利克·普瓦利埃（Anne and

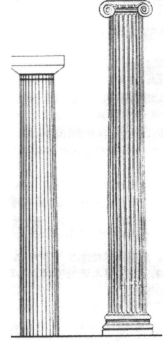

Patrick Poirier）夫妇创作的这件位于慕尼黑大学区与住宅区交界处的作品就是一例。作品采取了独特的三角形组合构图，两只古典风格的眼睛位于一个等边三角形的B点和C点，凝视着位于三角形A点的一件不锈钢材质古希腊柱（见左上图与左中图及右上图1）。

作者对人体片断的借用富于深意，两只眼睛取自文艺复兴时期雕塑名作《大卫》，表现着忧郁、愤怒的复杂情感，柱式则取自古希腊建筑艺术。

作者塑造的柱式酷似素朴的多利克柱式，但又带有艾奥尼亚柱式的典型柱础（由三层凸圆和一层凹圆垫面组成）；说它是艾奥尼亚柱式，又没有其标志性的涡卷纹柱头（见右上图2）。显然作者将多利克柱式和艾奥尼亚柱式进行了综合，以更宏观地表现古代文化，材质也换为颇具现代感的不锈钢，从而成功表现出一种对文明的追忆、对遗迹遭到破坏和以往的愤怒和悔恨，在通常更关注大众口味、乐于提供实际功能的公共艺术中显得严肃、别具一格。

Thematic Public Art
主题型公共艺术——基于人文思考的设计

偏可概全

延展阅读：安妮和帕特利克·普瓦利埃

安妮和帕特利克·普瓦利埃是1942年生于法国马赛的艺术家夫妇，并毕业于巴黎国立高等装饰艺术学院。与同时期的大多数艺术家关注前卫话题不同，这对夫妇始终以欧洲悠久的文化传统作为创作出发点，利用各种媒介，包括摄影、绘画、装置尤其是大型纪念性雕塑来表现与文化记忆有关的主题。如他们自己所言："我们相信，无知或者文化记忆的摧毁能够带来每一种形式的湮没、谎言、过度，我们必须以我们的绵薄之力反对这种广泛的失忆症和破坏行为。"右下图为欧洲文艺复兴时期的雕塑名作《大卫》。

德意志民族文化中深厚的思辨传统孕育过多位哲学大师，这种传统同样令德国艺术家也经常充满反思与批判精神。这样的作品与通常充满大众娱乐精神的当代公共艺术格格不入，但是无疑提醒着人们如何思考生命的意义、国家的道路，是具有人文关怀和社会意义的公共艺术的典范。这件位于德国斯图加特街头的作品出自瑞士德语区的雕塑家汉斯·荣格·里姆巴赫（Hans Jorg Limbach）之手。

这同样是一件以不完整人体为造型元素的作品，从基座中伸出的手肘托举着硕大的头部，头部以下则空无一物。人像既不青春靓丽，也没有古典意境，而是以近乎逼真的写实手法表现了一位老年智者的形象。时时提醒着过往的人们思考的意义，也成为德国原创公共艺术的代表作品。

就这件作品的形式而言，作者对人体的局部运用，包括保留的头部、托举的手肘均与思考时的典型姿势有关，与这一思考主题无关的身体部位都被舍弃。这在艺术造型中是突出重点的典型手法，既起到了强化作品艺术效果的功能，也见证了公共艺术不拘一格的形式在表现主题方面的巨大潜力。

▼ 沿此虚线以下贴入设计作品（A4成品）

同样是单独运用了人的头部与手，位于法国巴黎圣厄斯塔什（Saint Eustache）大教堂前广场上的《倾听》则带给观众完全不同的视觉与心理效果。这件由法国艺术家亨利·德·米勒（Henry de Miller）创作的作品以朴拙的造型手法雕刻了一颗硕大圆浑的头颅，一只手侧伸在耳边，做倾听状。作品形态相对夸张、体积塑造充满张力，人的头部形态和五官塑造甚至有一定的几何化趋势。作品选取的自然材质及粗粝的雕刻手法都与古老的教堂默契配合。作品圆浑的形态也与全开放的空旷广场及圆形纹样的铺装保持一致，很好地融入了环境。大手还为孩童提供了攀登、游戏的空间。

Thematic Public Art
主题型公共艺术——基于人文思考的设计

偏可概全

位于巴黎莱阿勒区的圣德斯达什大教堂是在1532年建造的一座小教堂基础上于1637年建造的，内部设计与巴黎圣母院接近，并拥有巴黎教堂中最高的内部殿堂。这里另一个出名之处是埋葬了最多的历史名人，比如17世纪法国名相柯尔贝。1986年，随着旁边莱阿勒区地下商业、文化和娱乐综合中心的开建，圣德斯达什大教堂也经历了改造，并添加了《倾听》这样的现代作品，显现出法国人在历史遗产保护和开发间的平衡做法。

5.永恒话题

在公共空间展现严肃思考与人文关怀，除了利用新兴艺术形式与前卫造型语言，还有一种方式可以采用。这就是"以不变应万变"，即表现受科技进步与社会思潮变化影响的永恒话题，比如爱、友谊、信仰、生命，等等。只有不多的艺术家能够使自己的作品在移出工作室和美术馆后还能取得巨大成功，也很少有艺术家能够使自己的作品超越文化、性别、民族的界限。但英国艺术家亨利·摩尔不但做到了，而且在公共艺术时代取得了空前的成功。

在本书第六章简单介绍过摩尔的品，但聚焦于他为适应公共空间在形体上做出的变化和妥协。这里将介绍他始终执著的题材：斜倚像、母子像以及国王与王后。特别是斜倚像，成为他用终生予以表现的主题。

斜倚像表现了抽象人体侧卧于平地用臂肘支地，扬起头颅的姿态。这是一种艺术史上少见的造型语言，体积厚重且富于变化，并成功传递出恒久、静谧、肃穆的情感特征。

摩尔的灵感部分来自古墨西哥托尔蒂克人。这个与玛雅人联系密切的部族创作了独特的雨神恰克莫尔像造型（见右下图）。恰克莫尔仰卧于地，上身抬起，头警觉地扭向一侧，双手将石碗捧在胸前，用来盛放牺牲的心脏。雕塑整体浑厚，体量感极强。在摩尔看来，这一形体展现了强大的形式张力与旺盛的生命力。在此后的岁月中，摩尔在恰克莫尔像的基础上发展出了像山一样伟岸、厚重的斜倚像，并利用它们传达着对生命的讴歌、对永恒的赞颂。这是一种放之四海而皆准的感动。

▼ 沿此虚线以下贴入设计作品（A4成品）

摩尔的斜倚像走过了一条清晰的形体演变之路，早期的作品面部刻画还比较清晰，抽象幅度极为有限。后来在立体主义者的启发下，他开始谨慎地打开空间，用空洞作为一种塑造体积的形式，并在以后将虚空间与实空间之间的联系进一步贯通完善。第二次世界大战后，摩尔的斜倚像开始与一个更具有永恒性和普世性的主题——母与子结合起来。通过模仿胎儿在母体内运动的模式，将不同的形体内外相套，在展现空间的丰富变化效果同时颂扬了伟大的母爱。左上图是位于日本福冈银行门前的作品。

斜倚像的另一种演变方式是不断抽象化，放弃具体造型并在体量中引入了"空洞"的概念。如左中图是创作于1975年的《三部分中躺着的人》，已经成功营造出一种富于流动性的风格，凸与凹、虚与实、体积与空洞之间的对比关系从未变得这样强烈且耐人寻味，这又接近了摩尔的另一种主要语言——骨骼。摩尔尤其推崇骨骼的张力与自然感。在他的作品中甚至不难觅到一些单纯的巨大骨骼形状。如他自己所言："骨骼有着神奇的结构力和坚实的形式张力，它们可以从一种形状微妙地转变为另一种形状，并拥有局部的多变性。"这种来自自然的形式语言在展现摩尔具有永恒性的主题方面功不可没。

Thematic Public Art
主题型公共艺术——基于人文思考的设计 ┆ 永恒话题

摩尔的艺术之所以能在走出美术馆后，在不同国家的公共空间中都取得成功，主要因为它们抓住了人类心中未被工业时代和功利主义浸染的、保留人类最旺盛生命力的那片净土。摩尔一直强调原始艺术在他作品中的运用："所有原始艺术最显著的共同特征是强烈的生命力，这种生命力是人们对生命的直率和迅疾的反应。对他们来说，雕塑和绘画不是什么深思熟虑和学院气十足的东西，而是一种表达强有力的信仰、希望和恐惧的方式……"在摩尔看来，这些"作品中的人类的心理内容"本身就是能打动人心的，他自己则担负着使这种内容"愈加坦率与强烈"的使命。

当然，为了更好适应公共艺术时代的建筑环境与舆论氛围，摩尔也从不拒绝对自己作品的形式加以修改，这使他从未引起像毕加索在芝加哥那样的巨大争议。如右上图是摩尔位于香港的一件作品。为了适应半封闭的广场环境与圆形喷泉水体，摩尔将作品形态调整得较为完整、内敛、对称，这在摩尔的创作生涯中是比较少见的。

左中图与右中图为摩尔与著名华裔建筑大师贝聿铭在美国华盛顿美术馆东馆上的合作。门廊中曲线优美、富于生命感的形体极大活跃了建筑环境，也是摩尔作品与建筑最为紧密的一次接触。

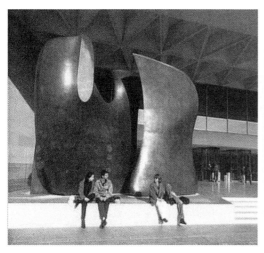

摩尔为建筑环境所作的最大改变当属1956年为巴黎联合国教科文组织总部创作的《斜倚像》。由于建筑背景是因遍布护栏而稍显凌乱的深色玻璃窗，摩尔甚至一度想增加一个屏风。但是他最后决定简化形体，使作品的轮廓线更为完整，从而不受背景干扰。值得注意的是，摩尔还改用肌理丰富的浅色云石而非惯用的铸铜，从而进一步强化了作品与背景的视觉反差，因此获得了高度的成功。从第二次世界大战以后，摩尔接到了来自世界各地的大量委托任务。他通过表现广为世人接受的永恒主题，并谦逊地根据建筑环境调整材质和形式，从而使"摩尔风格"走出美术馆，成为世界公共艺术中富于传统韵味的重要类型。

▼　沿此虚线以下贴入设计作品（A4成品）

虽然波特罗的作品题材广泛，但他最钟爱并屡屡用来表现内心世界的素材则当属女性形象。波特罗用不同形式的女性形象表现人性中的细腻一面，展现自己对童年母爱的回忆，也唤起了都市人内心中对更温暖的理想世界的普遍渴望。如左上图的《站立的女人》，作者一如既往地突出了表现对象庞大的体量，富于空间感，手袋、帽子等带有鲜明历史特征的服饰与人物略带傲慢的神态，都是作者对哥伦比亚文化中根深蒂固的西班牙殖民气息的着力表现。

右中图的《母子》是诸多伟大艺术家用不同媒介表现过的永恒题材。在波特罗手中，母子的亲情并未被放在主要地位，事实上母亲巨大的尺度与眺望远方的神情令两个主要人物在心理上保持一定距离。不管这是不是作者真实体验的反映，但显然营造出了一种充满奇幻色彩的心理感受。

右下图是《抽烟的女人》。女人体本身摆出古典艺术中常见的俯卧仰头造型，但在波特罗夸张的塑造手法下，女人体丰硕的身躯仿佛连绵群山一般起伏，手中的小小香烟既与庞大体量形成强烈对比，又彰显了人物的现代属性，颇有戏谑意味。

Thematic Public Art
主题型公共艺术——基于人文思考的设计 ┆ 永恒话题

在本书第七章介绍过哥伦比亚艺术家波特罗的作品《爱丽丝的猫》。通过他的动物系列作品，简略了解了他注重肥胖、膨胀的艺术风格。事实上，动物作为波特罗作品主题的次数是很有限的，提供游乐功能也从来不是他创作公共艺术的出发点。但它们却极受孩子们喜欢，这正是波特罗艺术具有开放性和广泛性的特色。波特罗的作品是内容升华与形式创新的统一。在现代风格的都市环境中，纯粹的具象雕塑除非是具有现代生活的情节性，否则难以融入。而纯粹的抽象构成雕塑能够和都市环境很好地融合但又难以承载文化传统，给人带来情感慰藉。这也是摩尔、波特罗这样既具象又具有抽象性甚至是某种建筑般秩序性的作品，能在现代都市中普遍得到认同并大获成功的重要原因。

6.旧题新解

公共艺术作为一种处理艺术与人、艺术与空间关系的全新思路，不但能够活跃空间视觉观感、为大众提供特定功能，还能重新诠释纪念碑这样历史悠久的艺术形式，令对英雄与重大事件的纪念走入当代人心中，可谓"旧题新解"。

左上图是位于美国华盛顿特区的《海军纪念碑》。1897年由美国雕塑家富兰克林·辛芒士创作，方案采取了建筑主体与具象雕塑组合的传统布局，在极高的基座上，象征美国的女神伏在历史女神肩膀哭泣，历史女神神情端庄肃穆，手中的书板上刻着："他们牺牲了，但他们的国家永生。"基座中段是带有典型希腊特征的胜利女神、海神和战神。以神祇形象指代具体的纪念对象，是19世纪与20世纪之交纪念性雕塑的普遍手法，明显带有教化、提升的意图。

100多年后，在新的《海军纪念碑》建设中，设计者引入了更具时代气息的方法，在一个硕大的广场上，用不同颜色的花岗岩铺成世界地图，在一侧布置了一个单独的水兵塑像——《孤单的水手》（Lone Sailor）（见右侧三图）。

延展阅读：斯坦利·布雷费尔德

美国雕塑家斯坦利·布雷费尔德（Stanley Bleifeld）生于1924年，从20世纪50年代起逐渐进入公众视线。作为一位掌握扎实写实功底的雕塑家，斯坦利长期得到美国主流艺术评论界的高度赞扬，甚至"斯坦利"这个名字都被誉为雕塑的代名词。基于这一知名度，1987年斯塔利得以从数百位竞标的美国雕塑家中脱颖而出，获得创作《孤独的水手》的机会。他塑造的水兵衣着朴素、高竖衣领以抵御凛冽海风，行李袋立在脚边，似乎正在守望归家的渡轮。并以作品表现出来的寓崇高于平凡、以个体见集体的高度艺术成就得到各界一致认可。以一个单独的普通海军水兵形象代表所有曾为美国海军服务过的人，本身就具有平等思想。雕塑基本齐平于地面，周围辅之以系缆柱等码头独有的设施，显得生动自然，贴近公众，在新时代下具有特别的感染力，也为具象雕塑艺术在公共艺术时代指明了新的发展方向。

▼　沿此虚线以下贴入设计作品（A4成品）

在反映深刻主题的公共艺术作品中，德国柏林的《柏林结》无疑拥有极高的知名度。很多人对这件作品利用破碎扭曲的铁链象征东德和西德间分裂的主题可能已有所了解，但是对其具体细节则所知寥寥。事实上，这件名为《柏林结》的作品有三个可堪伟大之处：一是成功利用抽象构成形式表现深刻的社会主题；二是在成功表现主题的同时，形式本身还具有卓越美感；三是作品建立并长期作为城市地标存在的过程，可以看作公共艺术逐渐走入城市公共空间这一社会学过程的范本。

首先就形式来说，这种用大量细钢管组成粗钢管，并加以扭转缠绕的形式语言，是马丁·马钦斯基与布里吉特·丹宁霍夫这对德国艺术家夫妇独创并在创作中一直坚持的，本书第三章的"质感错觉"部分对此有所介绍。

这件《柏林结》并不是一开始就由政府向艺术家提出委托并设立于公共场所的永久性艺术品。事实上，这是柏林市政府于1987年为了庆祝柏林750岁生日而开展的一次公共艺术尝试"库坦雕塑大道"（Skulpturenboulevard Kurfürstendamm），是东西德国统一前柏林最重要繁华的道路，也是由西德进入柏林的必经之路，具有重要的政治、文化意义。柏林市政府决定邀请八位艺术家分别创作作品并在原地展出一年。由于形式新颖且前面几位艺术家过于强调观念，因此引发重大舆论争议。

但是马钦斯基与丹宁霍夫夫妇则务实得多。他们不但运用了具有构成形式美感的艺术语言，而且在选址上颇费苦心，直接以德国历史上著名的纪念教堂（威廉皇帝教堂）为背景。这座教堂在二战中遭到轰炸彻底破坏，德国人为了警示后人不要战争，没有对其加以修复。残缺的教堂成为《柏林结》最具历史意义的背景。

作品用四根仿佛从地上生长出来的钢管相互缠绕、扭结，但并不接触，以此象征了由于冷战被柏林墙隔开的东西柏林之间既亲密又疏离的现状。大多数对历史稍有了解的观众立刻就能领会作品意图并产生共鸣，这正是作品的成功之处。左中图为《柏林结》正在吊运安装。

另外，马钦斯基夫妇还利用了库坦大道路中央的绿化带，将作品设计成门状，使市民、游客得以从作品下通过，体现了新时代雕塑作品适应公共环境的特征。马钦斯基夫妇开创的这种独特形式不但赋予了作品以丰富的肌理感，其独有的镍铬钢表面还具有"闪光效应"。在一天中会随着日光变化而变暗或变亮，显示出科技进步在提升作品表现力方面的贡献。

虽然"库坦雕塑大道"中的多件作品引发市民争议、反对，但这一项目本身却成为德国公共艺术知识普及的重要桥梁。当活动一年期满后，市民强烈反对拆除《柏林结》、《金字塔》等几件作品，于是柏林市政府和德意志银行从马钦斯基夫妇手中买下《柏林结》以做永久陈列。这也反映出公共艺术实践固然允许大胆的艺术观念探索，但仍要从选题上尊重民意，在形式上具有美感。左下图为马钦斯基夫妇在德国北部城市基尔的一件作品。

尽管柏林墙随着冷战结束而被拆除，但柏林市政府和市民还是一致认同这件作品能够纪念德国历史上的不幸篇章。作为一件异于传统雕塑的公共艺术作品，能够得到如此高的认同，并产生如此之大的社会意义，正体现了公共艺术形式创新和建设模式创新所展现的生命力。